万物
丛书 **HOW IT WORKS**

# 神奇的
# 恐龙世界

万物编辑部　编

机械工业出版社
CHINA MACHINE PRESS

恐龙，这种地球上曾经存在的巨大动物，一经发现就引起了所有人尤其是小朋友的好奇。你知道什么是恐龙吗？知道它们在哪里生活吗？知道它们是怎么进化和灭绝的吗？知道它们在能力方面的比拼是怎么样的吗？知道恐龙蛋里有什么吗？知道恐龙是如何保护自己的吗？打开本书，让我们一起走近恐龙，一起去了解它们身上的秘密！

**图书在版编目（CIP）数据**

神奇的恐龙世界 / 万物编辑部编. — 北京：机械工业出版社，2019.12（2024.4重印）
（万物丛书）
ISBN 978-7-111-64013-4

Ⅰ. ①神… Ⅱ. ①万… Ⅲ. ①恐龙 – 青少年读物 Ⅳ. ①Q915.864-49

中国版本图书馆CIP数据核字（2019）第227720号

机械工业出版社（北京市百万庄大街22号　邮政编码100037）
策划编辑：黄丽梅　　责任编辑：黄丽梅
责任校对：杜雨霏　　责任印制：孙　炜
北京联兴盛业印刷股份有限公司印刷

2024年4月第1版第6次印刷
215mm×275mm · 4印张 · 2插页 · 57千字
标准书号：ISBN 978-7-111-64013-4
定价：69.00元

电话服务　　　　　　　　　网络服务
客服电话：010-88361066　　机　工　官　网：www.cmpbook.com
　　　　　010-88379833　　机　工　官　博：weibo. com/cmp1952
　　　　　010-68326294　　金　书　网：www.golden-book.com
**封底无防伪标均为盗版**　　机工教育服务网：www.cmpedu.com

## 史前世界

## 恐龙能力大比拼

## 走近恐龙

# 什么是恐龙?

恐龙是一种最早出现在 2.3 亿年前的爬行动物。它们在地球上生活的时间比历史上其他任何动物都要长。那么到底什么是恐龙?

恐龙曾经统治了地球长达 1.6 亿多年的时间,是那个特定环境下顶级的掠食者。尽管在人类历史上曾不断发现恐龙化石(早期的发现可能是龙和九头蛇等神话生物的想象来源),但其实到了 19 世纪初期人们才开始科学地描绘恐龙这一生物。1842 年,英国古生物学家理查德·欧文爵士创造了恐龙的种属分类。恐龙(dinosaur)这个英文单词的原意是"可怕的蜥蜴",实际上

这个词有点误导人,因为恐龙其实并不是蜥蜴,而是另外一种爬行动物。

恐龙是一种门类众多的爬行动物,在超级大陆——盘古大陆上开始了它们的生命繁衍。随着大陆漂移的进行和盘古大陆分裂成更小的大陆,恐龙变得高度多样化。令人感到不可思议的是,三角龙和霸王龙居然有着共同的祖先。

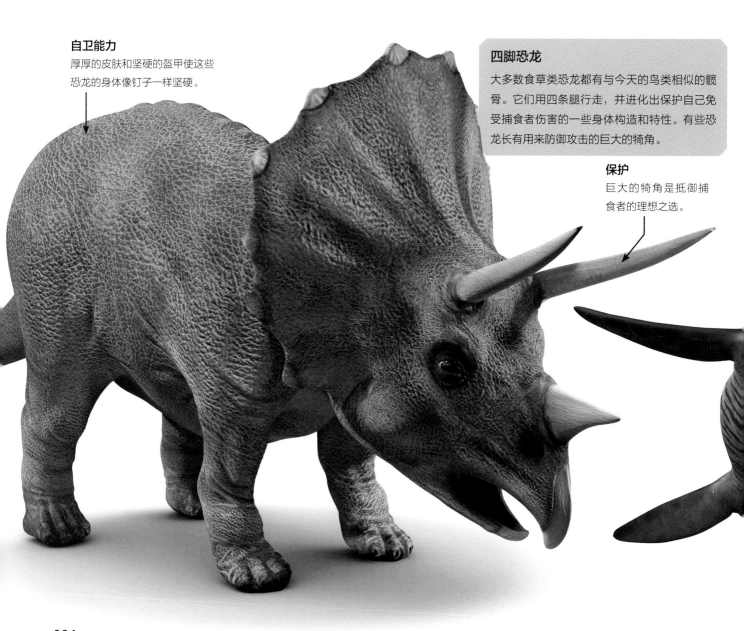

**自卫能力**
厚厚的皮肤和坚硬的盔甲使这些恐龙的身体像钉子一样坚硬。

**四脚恐龙**
大多数食草类恐龙都有与今天的鸟类相似的髋骨。它们用四条腿行走,并进化出保护自己免受捕食者伤害的一些身体构造和特性。有些恐龙长有用来防御攻击的巨大的犄角。

**保护**
巨大的犄角是抵御捕食者的理想之选。

**两脚恐龙**

大多数食肉类恐龙都有与今天的蜥蜴一样的髋骨，用两条腿四处走动，从而能够快速奔跑来捕捉猎物。令人奇怪的是，今天的鸟类反倒是从蜥臀目恐龙进化而来的，而不是从鸟臀目恐龙进化而来。

**蛇颈龙**

有些蛇颈龙的脖子很长还很灵活。它们利用长脖子来捕捉敏捷的鱼类。

**会游泳的爬行动物**

远古时代的海洋曾经是由鱼龙、蛇颈龙和沧龙统治的，而不是被恐龙类动物所占领。大多数这类水下动物看起来很像现代的鱼类，它们完全适应海洋中的生活，化石印记表明它们可能进化出了胎生功能。

恐龙是一个门类众多的爬行动物种属，在超级大陆——盘古大陆上开始了它们的生命繁衍。

**攻击**

通过两条腿奔跑，食肉类恐龙可以达到很高的奔跑速度。

**实际上并不是恐龙**

**翼龙**

许多翼龙化石表明它们有着难以置信的强壮肌肉，非常适合飞行。

**翼龙**

尽管它们生活在同一时代，但这一时期的大多数飞行生物实际上也并不是恐龙。这些有翼的爬行动物用它们巨大的脑袋和致命的大尖嘴统治着天空。

# 恐龙的世界是如何进化的?

**恐龙在 2.3 亿~6500 万年前曾遍布全球，二叠纪的极端干燥气候让那时的地球与今日大不相同。**

伴随着大量石炭纪植物的家园——古老的泥炭沼泽遭到破坏，这意味着进入了中生代（或"生命的中世纪"），即地球历史上的某种生命恢复期。中生代由三叠纪、侏罗纪和白垩纪组成，气候并不干燥，但全球仍处于高温环境下，当时陆地上空出的生态系统很快被进化中的哺乳动物和恐龙所取代。与此同时，在海底出现了新的珊瑚，各种海胆开始多样化和繁盛起来，它们在二叠纪末期的生物大灭绝事件中几乎濒临灭绝。

据估计，三叠纪初期时的一些热带地区温度可高达 38℃，与此同时，全世界陆地板块仍然结合在一个称为盘古大陆的巨型超级大陆上。 在三叠纪期间，盘古大陆形成了气候带，一些地区变得非常干燥，另一些地区则形成了类似季风的气候条件。由于这种气候分带，植物开始分为南北两个区系。

到了侏罗纪时期，全球气温已降至约 30℃，盘古大陆也已分为北部和南部。我们今天所知道的海洋在白垩纪时期才真正开始形成，之所以称之为白垩纪是因为藻类骨骼的形成造成浅海中的白垩含量很大。白垩纪末期的大灭绝事件之后，与恐龙相比体型太小也很微不足道的哺乳动物开始独自开拓很多恐龙消失后空白的生态系统，并逐渐占据地球的主导地位。

**侏罗纪**
**2 亿~1.45 亿年前**
侏罗纪时期被称为"爬行动物时代"，因为在这个时期爬行动物统治着地球。

**三叠纪**
**2.5 亿~2 亿年前**
那时的气候可能非常炎热和干燥，但这并没有妨碍第一批哺乳动物和飞行类爬行动物的出现。我们今天所知道的酷寒冰封的南极和北极当时也生长着各种植物。那在三叠纪时期，恐龙的世界是如何进化的?

梁龙

奥古斯塔龙

上龙

4

3

2

三叠纪的鱼类和海洋爬行动物生活在温暖的海洋中

加斯马吐龙

鱼龙

基龙

1

水龙兽

第一批真正的哺乳动物在三叠纪时期开始进化

犬颌兽

伊凡龙

**二叠纪**
**2.99 亿~2.5 亿年前**
这个时期非常炎热。虽然也有海洋，但所有的土地都非常像沙漠。只有爬行动物才能在这种环境中繁衍生息。

⑤ 剑龙

⑥

三角龙

克柔龙

⑦

⑧

海诺龙

像木兰花之类的开花植物

伶盗龙

刃齿猫

**森林、草地和林地**

⑨

⑩

引螈

板齿犀

海牛属

## 白垩纪

### 1.45 亿 ~6600 万年前

在温暖的白垩纪，海平面很高。恐龙统治着陆地，而其他种类的生物则在海洋中遨游。

**❶ 高温**

温度很高，非常炎热，但有些地方会下雨。

**❷ 第一种恐龙**

南十字龙是最早被发现的恐龙之一。

**❸ 植物群落**

茂盛的丛林覆盖了大部分土地。

**❹ 大陆**

在世界各地，因陆地板块的移动从而形成更多的海岸线。

**❺ 捕食者**

像异特龙这样的大型陆地捕食者捕食其他动物。

**❻ 霸王龙**

霸王龙生活在白垩纪。

**❼ 鲨鱼**

鲨鱼在海洋中是常见的。

**❽ 冷却**

白垩纪时期的气温要比从前低一些。

**❾ 哺乳动物**

第三纪被称为哺乳动物时代。

**❿ 棕榈树**

在第三纪中期和末期之间，棕榈树一直生长在格陵兰岛北部。

## 第三纪

### 6600 万 ~250 万年前

到了这个时期，恐龙已经因一颗撞击地球的小行星而灭绝了。其他动物（如刃齿猫）生存在这片恐龙曾经占领的地方。

# 恐龙在哪里生活？

恐龙生活在世界各地，从干燥多尘的沙漠到潮湿高热的沼泽。让我们一起探索 5 种不同的恐龙栖息地……

当三叠纪时期（2.5 亿~2 亿年前）恐龙首次出现在地球上时，食草动物可吃的植物并不多，它们生存的土地与我们今天所知道的地球大不相同。所有大陆都来自于一个称为盘古大陆的单一陆地，气候炎热干燥，导致大部分陆地被沙漠覆盖，这就是恐龙最早进化的地方。一系列的地震和火山爆发导致了盘古大陆的分裂，许多恐龙也随之灭绝。之后侏罗纪时期的到来，以及相对更冷的气候，形成了茂密的绿色丛林——不同种类恐龙的栖息地。让我们去看看，在每种不同的环境里，对应着哪一种恐龙在此繁衍生息。

**第一种恐龙**
三叠纪的气候有助于恐龙族群的发展。与哺乳动物相比，它们的身体更适合炎热和干燥的环境。

**植物**
只有不需要大量水的植物才能存活在这些地区。

### 灭绝

在三叠纪开始之前,几乎所有的生命都消失了。地球正从有史以来最大的生物灭绝事件中恢复过来。

### 深入沙漠

恐龙只是深入沙漠寻找食物。有些地方实在太热了,恐龙不可能一直栖息在那里。

## 三叠纪沙漠

### 2.5 亿~2 亿年前

恐龙最早出现于三叠纪时期,那时的陆地又热又干燥,被沙漠覆盖着。

整个中生代,包括三叠纪、侏罗纪和白垩纪,地球的陆地和海洋发生了很大的变化。

三叠纪是一个生物大灭绝事件之后动植物方面的恢复期,也是二叠纪的结束。当时的全球高温和陆地上空出的生态系统说明恐龙和哺乳动物是在三叠纪时期出现的,而海洋中的海胆则重新开始多样化,它们在二叠纪的末期几乎濒临灭绝。

三叠纪早期的全球变暖是地球历史上最热的时期之一。在由此而产生的沙漠中生活着各种各样的恐龙,如派克鳄。发现于现在南非卡鲁沙漠的化石表明,这些食肉动物由于拥有更长的后腿,能够直立行走,因此具有高速度和灵活性。扩大的鼻窦腔也表明它们有很好的嗅觉,这对于在开阔的沙漠环境中闻到猎物气息是非常关键的。

### 腔骨龙

像腔骨龙这样的恐龙在这些地区捕猎。

# 三叠纪森林

## 2.5 亿 ~2 亿年前

北极和南极的气候比较温和，空气比较干燥，因此大片的森林在这两个地区生长。

在北部和南部的高纬度地区出现了煤炭沉积，表明这些地区比低纬度地区的沙漠要湿润得多，因此茂密的森林状植被能够在此地生长。

这些丛林是劳氏鳄目动物，如灵鳄属和蜥脚亚目动物（如板龙）的家园，它们的长颈和能负重的骨骼结构使其能直立，从而让它们能够以其他食草类恐龙无法够到的植物为食。

在三叠纪，海洋和大陆开始发生变化。由于海平面较低，盘古大陆的陆地面积达到了最大值，它开始向北移动并逆时针旋转，最终解体使地球大陆朝着我们现在熟悉的面貌转变。三叠纪中晚期的化石显示，近海和大洋中存在着大量的海洋爬行动物和菊石，表明爬行动物和菊石在这一时期开始兴盛起来。

**树木**

那大片森林中的大多数树木都很高大，还长有坚硬的针叶。它们是常绿植物，所以不会在冬天变黄和落叶。

**没有被冰雪覆盖**

那时的北极和南极都很温暖，不像现在这样冰天雪地，也没有被冰层覆盖。

**食物**

一些三叠纪的食草动物两腿站立，脖子很长，这让它们能吃到高大树木上更高位置的树叶。

**没有草地**

这个时期并没有草地，地上长满了蕨类和苔藓类的小植物。

淡水

三叠纪期间，河流供淡水资源。

**早期的哺乳动物**

最早的哺乳动物在这时开始进化产生。

011

# 侏罗纪沼泽　2 亿 ~1.45 亿年前

侏罗纪时期海平面较高，一些土地被水淹没，形成了泥泞的沼泽。

在侏罗纪晚期，地球的平均温度已经下降到 30℃，此后还在进一步下降，地球开始经历季节性变化，夏季酷热，冬季寒冷不堪。尽管如此，侏罗纪时期却是地球上一个生命繁盛的时期，大型恐龙在陆地上漫游，巨大的爬行动物统治着海洋，有翼的爬行动物统治着天空。

海洋中到处都是新的捕食者，包括菊石、贝伦鱼和一系列能咬碎贝壳的鱼类。这一时期最可怕的食肉动物之一是异特龙。由于巨大的头骨背面长满了锋利的锯齿状牙齿，每只手上都有 3

个可能是用来抓住猎物的大爪子，许多人认为异特龙捕食的是以产于这个时期沼泽中的植物为食的剑龙、鸟脚类和蜥脚类恐龙。剑龙可能是最著名的恐龙，之所以被称为剑龙，是因为它的背部有奇怪的菱形板（剑龙的意思是"装甲蜥蜴"）。虽然许多人认为这些菱形板是用来防御的，但从尾巴末端伸出的两对大长刺更有可能达到这一目的，所以菱形板只不过是装饰品而已。

## 更大的恐龙

食草动物体型变大是因为有更多的植物供它们食用。食肉动物也随着猎物变大而长得越来越大。

## 植物

侏罗纪时期，地球上树木遍布，三叠纪时期过于干旱的地方树木又重新繁荣起来。

## 树林中的生命

小型动物生活在树林中。

**天气**

有规律的雨季使土壤保持湿润。这给蕨类植物和小型地面植物提供了大量水分，足够让食草动物食用。

**大陆漂移**

随着盘古大陆的分裂，新大陆有了不同的恐龙栖息地，如沼泽地带。恐龙在这些新地区迅速进化以适应环境生存下来。

# 侏罗纪海洋

## 2 亿 ~1.45 亿年前

不仅陆地上生活着爬行动物，侏罗纪海洋也被巨大的史前怪兽统治着。

侏罗纪时期，陆地板块运动继续重塑着大陆形状，并使海洋变得更加宽广。盘古大陆北部和南部的分离一直持续到侏罗纪时期，使得古地中海变得相当大。这对海洋动植物的进化有着重要的影响。因此，在西澳大利亚发现的化石与在英格兰南部海岸发现的非常相似。

那时的海洋是动物激烈战斗的战场。像蛇颈龙这样的大型海洋爬行动物统治着较浅的水域，它们有着粗壮的躯干、4 条大鳍、一条非常长的脖子和一个布满小尖牙齿的小号头盖骨，是鱼类、乌贼和其他体型相对较小且能快速移动的猎物的完美捕食者。其他的鳍龙类，如滑齿龙，则栖息并统治着更远的海域。滑齿龙的身长可达 10 米，拥有流线形的身体，能用 4 条船桨状的鳍在水中快速滑行，吞食大型水生爬行动物和大型鱼类。在自然界适者生存的法则中，这种鳍龙类生物是非常多产的捕食者。

**海洋捕食者**
在侏罗纪海洋中，蛇颈龙和鱼龙是顶级的捕食者。

**大量的食物**
像鱼类和软体动物这样的小动物在海洋中随处可见。它们为爬行动物、鲨鱼和鲸鱼等大型动物提供了大量的食物。

**你知道吗？** 某些种类的浮游生物会使部分海洋变红。

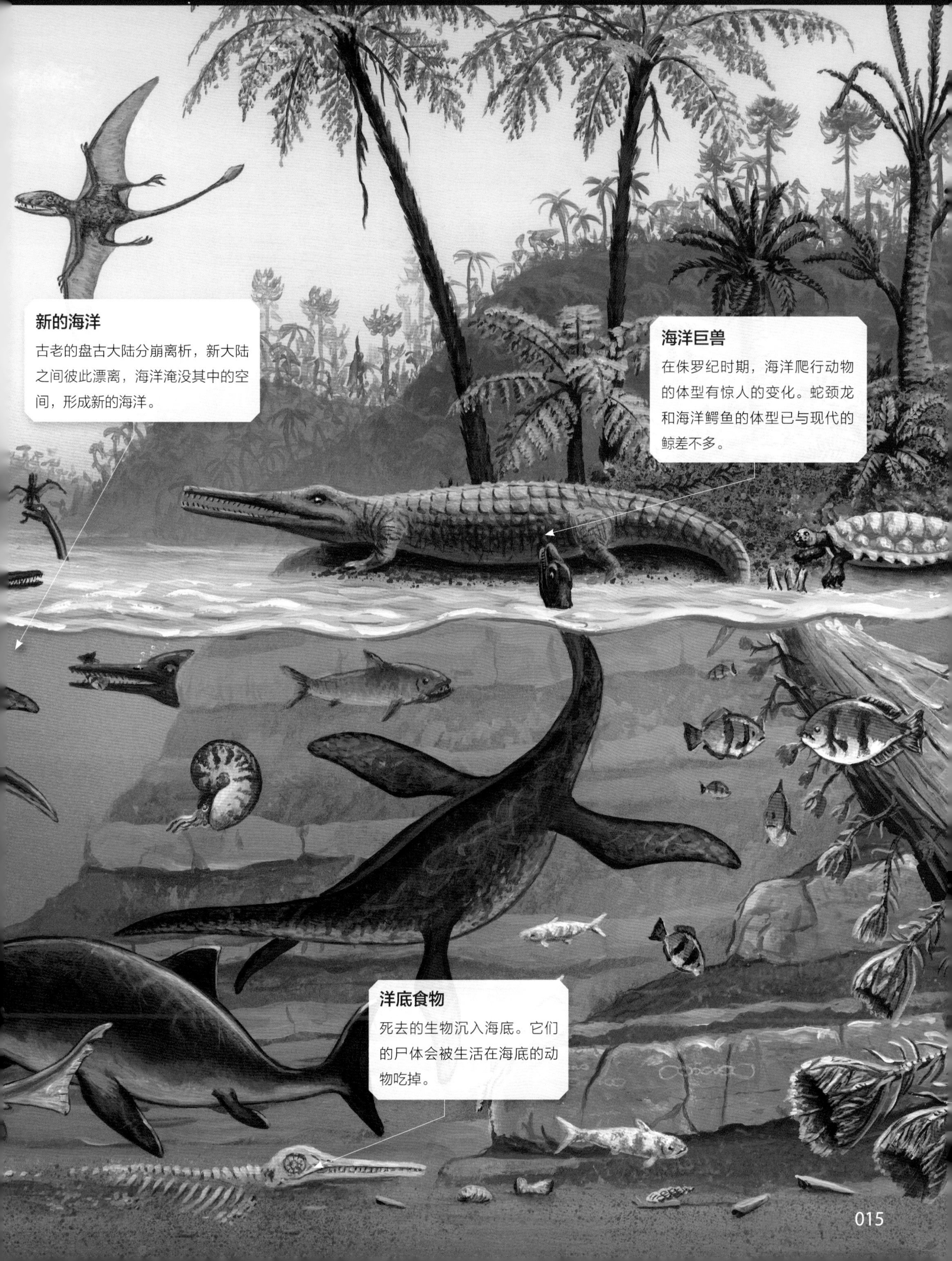

### 新的海洋

古老的盘古大陆分崩离析，新大陆之间彼此漂离，海洋淹没其中的空间，形成新的海洋。

### 海洋巨兽

在侏罗纪时期，海洋爬行动物的体型有惊人的变化。蛇颈龙和海洋鳄鱼的体型已与现代的鲸差不多。

### 洋底食物

死去的生物沉入海底。它们的尸体会被生活在海底的动物吃掉。

# 白垩纪平原　　1.45 亿 ~6600 万年前

白垩纪平原上的生活可并不轻松，恐龙的栖息地面临着许多变化。

白垩纪时期的全球平均气温比今天高 10℃ 左右，大气中的二氧化碳含量也处于较高的水平。那时就是一个温室的世界。更高的海平面（比今天高出 200~300 米）意味着在低纬度地区存在沼泽式的平原，在那里，类似狮鼻鳄和恐鳄这样的鳄鱼目动物开始繁盛起来。恐鳄是短吻鳄科（包括现代的短吻鳄）的一员，重达 10 吨，是北美最凶猛的捕食者之一。事实上，恐鳄的栖息地与达氏吐龙这样的暴龙科恐龙的栖息地重叠，但在这

些生态系统中，占主导地位的是强大的短吻鳄，而不是暴龙。

与此同时，在白垩纪时期的天空中居住着巨大的翼龙，如风神翼龙，它们被列为有史以来最大的飞行生物，翼展比许多小型飞机还要大。但其骨骼结构内有一个复杂的气囊系统，因此，风神翼龙的体重不会超过 250 千克。它们在空中的移动敏捷而快速，使得捕捉猎物变得容易了很多。

**野火**

在白垩纪时期，当闪电击穿树木并引发火灾时，因为植被非常繁茂，火势很快就会蔓延开来。

**群落**

有些恐龙过群居生活会存活得更好。

**开花植物**

许多不同种类的开花植物也在进化。它们的花粉是由蜜蜂之类的昆虫传播的，最终在数量上超过了乔木和灌木。

**空气**

当时有很多活火山，它们使空气中充满了二氧化碳和其他气体。

**气候**

大陆板块进一步漂移，这使得洋流发生了变化，从而影响天气，造成气温的上下波动。

# 史前巨兽

走近古代那些巨大的食肉动物，看看它们是如何潜行
于陆地，统治着海洋，威慑着天空。

**锋利的牙齿**
针状的牙齿意味着这种恐龙可以轻松地咬住光滑的猎物，如鱼类。

**帆板**
有球窝关节的柔韧脊柱使棘龙能够高高拱起背部，这可能是为了给同伴留下深刻印象或恐吓对手。

**灵活的脖子**
又长又灵活的脖子使棘龙能够快速攻击并抓住猎物。

**庞然大物**
据估计，棘龙的身长可以达到15米以上，如果有天敌的话，得是它的2倍尺寸才能制服这个大家伙。

**游泳**
棘龙适应半水生的生活方式，有扁平的脚和宽阔的爪来帮助自己在水中前行。

尺寸对比

## 庞然大物——白垩纪食肉类恐龙

**棘龙** 1.12亿~9700万年前

超越霸王龙："带刺的蜥蜴"才是真正的国王。

棘龙差不多有三层楼高，比一辆公交车还要长，是世界上最大的食肉类恐龙。这种"带刺的蜥蜴"在白垩纪中期漫游于北非的沿海平原和沼泽地带。与霸王龙不同的是，棘龙的牙齿并不是锯齿状的，而是针状，所以它的牙齿不是用来撕扯肉食的，再加上有力的下颌和长长的吻部更适合捕捉大型鱼类。人们认为，棘龙是第一种会游泳的恐龙，能在水中待很长时间，用剃刀一般的爪子抓住不幸的水生生物。有证据表明，棘龙的鼻孔和头骨腔是压力检测系统的一部分，因此即使在模糊和黑暗的水域，它也能感觉到鱼的运动。

这种巨型食肉动物的特点是背部有1.5米高的帆板，由高耸的垂向脊椎骨刺构成。这可能是为了吸引异性或恐吓竞争对手，或是为了帮助调节体温，也可能是为了支撑一个储存脂肪的肉峰，这些脂肪是棘龙在食物充足时积累起来的。

尺寸对比

## 巨大蜥蜴

**巨蜥** 180万~4万年前

又被称为古巨蜥，这些澳大利亚东部的巨蜥有史记载的可重达600公斤。

古巨蜥有锋利的牙齿和爪子，非常适合撕咬猎物。这些巨蜥通过伏击受害者来弥补自身速度的不足，并利用它们出色的嗅觉寻找腐肉。

尺寸对比

## 超大尺寸的蛇

**泰坦蟒** 6000万~5800万年前

泰坦蟒身长可达15米，是恐龙灭绝后地球上最大的陆地动物之一。这些巨大的蛇生活在南美洲的丛林中，一口就能吞下乌龟和鳄鱼。

泰坦蟒可以在陆地和水中捕食，在未被发现的情况下向猎物滑行或游动，然后突然跳起来，用强有力的上下颌咬住受害者的气管。

尺寸对比

## 恐怖鸟

**骇鸟** 6200万~200万年前

这些可怕的掠食者是史前南美洲骇鸟目的成员，被称为恐怖鸟，有些身高可以达到3米。

它们的主要武器是锋利的钩状嘴，可以像鹤嘴锄一样从上方攻击受害者。这些鸟的腿也非常强壮，它们可能会以脚反复踢打的方式杀死猎物，或者用脚猛烈地摔打猎物使其破碎。

# 水生巨兽

潜伏在史前海洋深处的是一大群致命的水生巨兽。

**嗅觉**
水从爬行动物的鼻孔里流出来，这样即使在漆黑或昏暗的水中，它也能闻到猎物的气味。

**钳子般的咬合力**
滑齿龙巨大有力的下颌肌肉能让它死死咬住试图挣脱的猎物。

**吓人的牙齿**
滑齿龙的针状牙齿大约有 10 厘米长，非常适合刺穿猎物。

**强大的滑齿龙**
是什么让滑齿龙成为如此可怕的侏罗纪食肉动物？

**令人生畏的尺寸**
由于不完整的化石记录的原因，滑齿龙的身长很难得到准确估计，但是一些上龙类动物的尺寸可能已经达到 15~18 米。

**强壮的游泳健将**
长而船桨般的鳍状肢帮助滑齿龙在水中快速前行，并在短时间内加速从而伏击猎物。

**尺寸对比**

## 强有力的海洋捕食者

**滑齿龙　1.6 亿 ~1.55 亿年前**

**一个凶猛的碎骨杀手**

　　滑齿龙是地球上已知的最强大的捕食者之一，其咬合力可能比霸王龙还要强。它属于一种叫作上龙的海洋爬行动物，体型巨大，脖子短粗。滑齿龙的食物主要由鱼类和鱿鱼组成，但偶尔会寻找更大的猎物。在蛇颈龙化石中发现的巨大咬痕表明，它们曾经也是滑齿龙的受害者，因为滑齿龙的颌上长满了锋利的牙齿。

　　科学家们甚至估计，如果这些巨大的食肉动物还存在的话，它们的力量足以把一辆小汽车咬成两半！滑齿龙的腹部很可能是接近灰白色的，可以帮它不被下层水域的猎物发现，因而即使是如此巨大的体型也能进行偷袭伏击。

## 巨大的海蝎子

### 古代海蝎  4.67 亿年前

在第一批恐龙出现之前的 2 亿多年，这些令人害怕的古代海蝎是重要的古生代捕食者。

这种节肢动物的身长约 1.8 米，用它们的大四肢抓住猎物。年幼的生活在海床上，而长大的则生活在浅水区，以避免更大的捕食者的攻击。这些超大型蝎子有角须，帮助它们感知猎物的运动。

## 大王鳄鱼

### 马奇莫鳄  1.3 亿年前

马奇莫鳄潜伏在白垩纪的海洋中，是一种长度近 10 米的巨型鳄鱼，几乎是现代同类中体型最大者的 2 倍。它的牙齿最适合咬碎贝壳和骨头，而不是切割肉类。

马奇莫鳄捕食的主要策略是藏在浅海中，在没有事先警告的情况下，用嘴咬住海龟和鱼类，猎物一旦被咬住就无法逃脱。

## 顶级海洋爬行动物

### 沧龙  8000 万 ~6600 万年前

沧龙是一种巨大的水生蜥蜴，在白垩纪海洋中是主要的捕食者。有的长达 15 米或更长，依靠长而有力的尾巴推动自己在水中前进。

它们捕食爬行动物、鱼类和贝类，用强有力的下颌咬断坚硬的贝壳。作为呼吸空气的动物，沧龙不能长时间潜水，所以只限于在海面附近狩猎。

**尺寸对比**

---

### 利维坦鲸 vs 巨齿鲨

谁会在这场两个史前巨兽的冲突中胜出?

**护盾**
厚厚的鲸脂可为利维坦鲸提供一些保护，使它能在巨齿鲨的惊人咬合中存活下来。

**尺寸并不是一切**
利维坦鲸比巨齿鲨稍微小一些，但有着巨大的下颌和牙齿，仍然是一个强大的敌人。

**巨大的咬合力**
巨齿鲨的下颌很容易咬碎鲸的头骨，咬合力超过 182200 牛顿，是大白鲨的 10 倍。

**强有力的肌肉**
强壮、流线形的身体有助于巨齿鲨伏击猎物。

**相似之处**
从化石上看，利维坦鲸似乎在解剖学上与现代的抹香鲸相似，因此它也有可能是利用回声定位法来寻找猎物。

**冷血杀手**
巨齿鲨只能在温暖的海水中生存，而且会与温度下降做持续的斗争。

---

## 真实的利维坦鲸

### 利维坦鲸  1300 万 ~200 万年前

一头抹香鲸大小的杀手，拥有巨大的咬合力。

利维坦鲸和现代的抹香鲸差不多大，但它是一个更强大的猎手。这些 50 吨重的动物可能会与巨齿鲨竞争食物，捕食较小的鲸、鲸目动物（如小海豚）和大型鱼类。利维坦鲸的牙齿可能是所有动物中最长的，长达 30 厘米，其咬合力几乎可以与巨齿鲨相媲美。

**尺寸对比**

## 超级尺寸的鲨鱼

### 巨齿鲨  2800 万 ~160 万年前

在巨齿鲨面前，大白鲨立刻就被比了下去，显得好小。

这些重达 75 吨的巨齿鲨太大了，所以它可以轻松地猎捕鲸。巨齿鲨长达 20 米，嘴上长满了与人手一样大的牙齿，它捕食海豚、鲸、海豹、鱿鱼和其他鲨鱼，简直就是小菜一碟。当面对大海龟的龟壳时，它能直接把龟壳咬成两半。据估计，巨齿鲨是有史以来咬合力最强大的动物之一，能够咬碎一辆小汽车。

**尺寸对比**

**尺寸对比**

# 空中巨兽

巨大的空中捕食者为史前世界的上空带来了死亡。

**俯冲炸弹**

据估计，哈斯特巨鹰能以每小时 80 公里的速度从上空展开攻击。

**致命冲击**

俯冲猛扑能将力量聚集在一起，因此一只重 13 公斤的老鹰可以撞倒比自己更大的猎物，比如恐鸟。

## 巨型猛禽

### 哈斯特巨鹰 180 万 ~ 公元 1400 年

这些巨大的老鹰长着虎爪大小的利爪，以捕食新西兰南部岛屿上可怜的食草动物为生。它以每小时 80 公里的速度俯冲，用爪子通过巨大的撞击力将猎物撞倒。它最喜欢的猎物是一种巨大的不会飞的鸟，叫作恐鸟，重量可达 250 公斤。与身体的尺寸相比，哈斯特巨鹰的 3 米翼展相对较短，这意味着它会在地面上杀死恐鸟，而不是把它带着飞走。它用可怕的利爪将猎物的头部或颈部打得粉碎，令其迅速完全失去反抗能力。

**爪子**

这些巨鹰会用一只脚按住猎物，另一只脚则会拧断猎物的脖子和头。

在与人类争夺它们喜欢的猎物——恐鸟的过程中，哈斯特巨鹰走向灭绝。

## 飞机大小的翼龙

### 风神翼龙 7000 万 ~6500 万年前

风神翼龙是已知翼龙中最大的一种，而翼龙是与恐龙生活在同一时代的飞行类爬行动物。它的翼展在 10 米以上，大约有一架小型喷气式飞机那么大。无齿的喙表明它捕食的是一些不需要咀嚼的小猎物，比如小恐龙，也可能会吃腐肉。风神翼龙被认为能在陆地上行走，因为它有小小的能起缓冲作用的脚，适合在坚实的地面上走动。如果这是真的，那它可能像现代的白鹳一样捕食，用嘴把小猎物叼起并吞下去。

**陆地和空中**

风神翼龙的宽大翅膀帮助它飞翔，而紧凑的双脚帮助它在地面上快速地行走。

**锋利的鸟喙**

利用又大又尖的喙，风神翼龙甚至可以直接叼食小型恐龙。

**翼**

风神翼龙的翼从细长的第四个手指一直延伸到腿的前端。

风神翼龙的头顶上有一个可能色彩十分鲜艳的脊冠，用来吸引配偶。

## 阿根廷巨鹰  600 万年前

阿根廷巨鹰比哈斯特巨鹰要矮一些,也是有史以来最大的鸟类之一。那 7 米长的翼展表明它适合滑翔而不是振翅飞翔,可以利用气流保持在高空翱翔。阿根廷巨鹰巨大的体型使得它不可能进行连续振翅起飞,所以它依靠高度,利用斜坡和逆风,就像悬挂式滑翔机的飞行员那样飞行。这种所谓的"怪兽鸟"可以用它锋利的爪子和钩状的嘴击攻击猎物,在广阔的土地上空飞翔寻找猎物。阿根廷巨鹰可能还吃腐肉,凭借吓人的体型,驱使其他捕食者远离自己锁定的猎物。

**滑翔鸟**
阿根廷巨鹰的长翅膀使它能在气流和上升流中滑翔。

**实现飞行**
为了能飞到空中,这种鸟会从斜坡上跑下来,跳向空中。

**捕食者**
阿根廷巨鹰巨大的体型意味着它可以吓跑其他捕食者,使它们远离自己的猎物。

## 巨型蜻蜓

### 巨脉蜻蜓  3 亿年前

巨脉蜻蜓是有史以来最大的昆虫之一,是与蜻蜓有密切关系的原蜻蜓科的一员。

这种史前昆虫受益于它生活的时代大气中含氧量较高。这使它能够长得很大并保持巨大的体型。它用大眼睛观察猎物,如小型两栖动物和其他昆虫,能在半空中用腿抓住它们。

巨脉蜻蜓有 75 厘米的翼展,比喜鹊的翼展都要大。

## 破纪录级别的翼展
尺寸惊人的空中怪兽

**阿根廷巨鹰**
7 米

**哈斯特巨鹰**
3 米

**风神翼龙**
10 米

**巨脉蜻蜓**
75 厘米

## 为什么史前动物能如此巨大?

从前人们认为史前动物的体型是科普法则的结果。以美国古生物学家爱德华·德林克·科普的名字命名的这一理论表明,恐龙的巨大性源于动物有自然进化为更大体型的趋势。当大灭绝事件发生时,新的小动物取代了已灭绝的较大的动物,这一过程重新开始。自从白垩纪大灭绝事件以来,地球上的动物只有 6600 万年的生活史,而自上一个冰河时代到现在也只有 12000 年,现在地球上的动物体型相对较小是因为它们还没有足够的时间再次进化到如此大的尺寸。

另一种理论认为是环境因素,如较高的氧含量和较高的温度,可能在动物巨型化中起到重要作用。冷血爬行动物受益于炎热的气候,因为它们可以更加有效地消化、循环和呼吸,还有大量的植物可供消耗。

然而,最近的研究和化石发现对这两种理论都产生了怀疑。随着时间的推移,一些生物进化的方向似乎是更小型化而不是大型化,许多不同大小的动物同时生存在一起。关于恐龙为什么特别大还有一个解释是因为它们在生理上与鸟类相似——骨骼中有气孔,所以即使是大型恐龙,它们的体重也相对较轻,不会被自身的体重压垮。

不过,并非所有最大的动物都是史前动物。事实上,地球上有史以来最重的动物——蓝鲸,今天仍然存活。海洋动物可以长到惊人的尺寸,因为水的浮力有助于平衡掉身体受到的重力,这样它们本身不用承受相当大的重量,所以它们比陆地上动物的体型大得多。

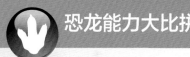 

# 霸王龙

**食肉类恐龙**

**白垩纪，6700 万 ~6600 万年前**

发现于：北美洲西部

生活区域：在有沼泽和河流的森林里

**长寿命**
霸王龙可以活 30 年以上。

**平衡能力**
霸王龙硕大的头颅可由它重量巨大的尾巴来平衡。

**鳞质皮肤或是羽毛**
霸王龙庞大身体的局部可能被覆羽毛，就像鸟类一样。

**抓握能力**
虽然霸王龙的前肢相对较小，每个前肢长有两个爪子，但它的爪子非常强壮，能够牢牢地抓住猎物或是把它们按翻在地。

**真相**
已发现的最大的霸王龙头骨长度超过 1.5 米，有些霸王龙的牙齿长度超过 30 厘米。

 **恐龙能力大比拼**

**霸王龙**

霸王龙也许是世上存活过的恐龙中咬合力最大的一个。它的咬合力是狮子和鲨鱼的数倍，能够轻松地咬碎猎物的骨头并把它们撕成碎片。

| | |
|---|---|
| 杀手指数： | 5/5 |
| 速度指数： | 3/5 |
| 防御能力： | 3/5 |

# 剑龙

**食草类恐龙**

**侏罗纪晚期，1.5 亿年前**

发现于：欧洲及北美洲东部

生活区域：森林和植被丰富的平原

## 恐龙能力大比拼

**剑龙**

剑龙拥有60~90厘米长的尾部钉刺，可以用来扫向攻击者从而达到防御的目的。

| | |
|---|---|
| 杀手指数： | 1/5 |
| 速度指数： | 1/5 |
| 防御能力： | 3/5 |

**真相**

剑龙后背上的骨板可能起到了空调的作用，调节流经骨板的血液温度。

**粗壮的大力士**
剑龙体重可达 5 吨，这大概和一辆双层巴士的一半重量差不多。

**骨板**
沿着剑龙的后背，共长有 17 块骨板。

**尾部钉刺**
剑龙尾部末端的钉刺被称为"狼牙棒"。

**化石化的遗骸**
这是剑龙背上的骨板化石。

**缓慢和稳固**
剑龙的腿粗短，这意味着它的行进速度也就能比人类稍稍快一点。

**脑力**
剑龙不是一种很聪明的恐龙。它的脑容量并不比一只狗的大。

025

# 三角龙

**食草类恐龙**

**白垩纪晚期，6700 万 ~6500 万年前**

发现于：北美洲西部

生活区域：森林、草原

**随时准备战斗**
强有力的犄角帮助三角龙从捕食者口中逃脱。

**沉重的头骨**
三角龙是一个大脑袋的家伙。由恐龙化石搜寻者发现的最大的三角龙头骨的长度超过 2 米。

**彩色的颈盾**
巨大的颈盾可能是用来吸引异性，就像孔雀羽毛的作用一样。在给血液降温时，这个颈盾会胀大到原来尺寸的 2 倍。

**巨大的重量**
三角龙的体重可达 12 吨，相当于两头非洲象的体重。

**真相**
在它的生命周期内，三角龙为了进食蕨类植物需要耗损 400~800 颗牙齿。

**你知道吗？** 伶盗龙可能是独自捕食，而不是群体合猎。

# 伶盗龙

**食肉类恐龙**

**白垩纪，7500 万 ~7100 万年前**

发现于：中国、蒙古

生活区域：荒漠

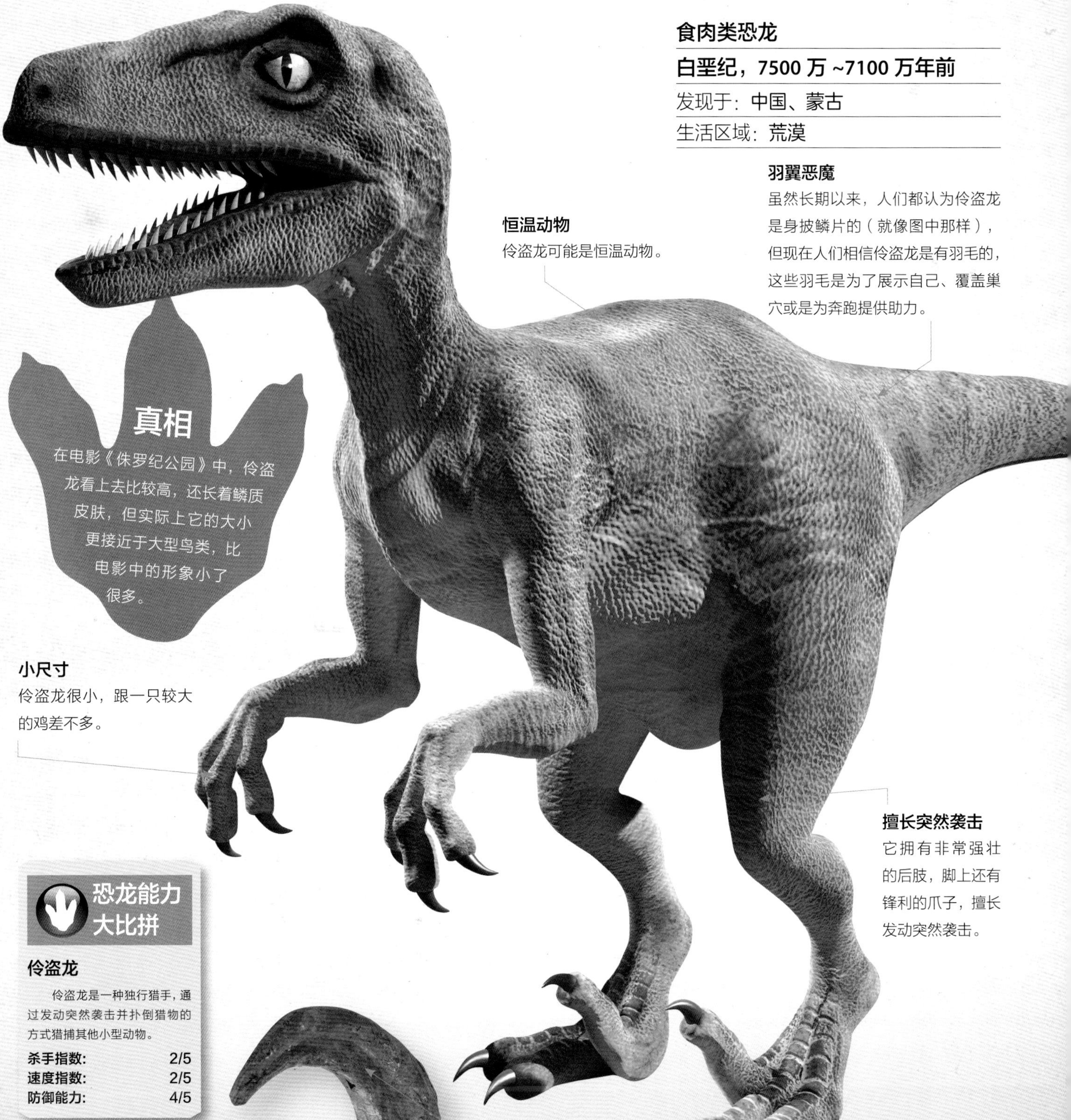

### 羽翼恶魔

虽然长期以来，人们都认为伶盗龙是身披鳞片的（就像图中那样），但现在人们相信伶盗龙是有羽毛的，这些羽毛是为了展示自己、覆盖巢穴或是为奔跑提供助力。

### 恒温动物

伶盗龙可能是恒温动物。

### 真相

在电影《侏罗纪公园》中，伶盗龙看上去比较高，还长着鳞质皮肤，但实际上它的大小更接近于大型鸟类，比电影中的形象小了很多。

### 小尺寸

伶盗龙很小，跟一只较大的鸡差不多。

### 擅长突然袭击

它拥有非常强壮的后肢，脚上还有锋利的爪子，擅长发动突然袭击。

## 恐龙能力大比拼

**伶盗龙**

伶盗龙是一种独行猎手，通过发动突然袭击并扑倒猎物的方式猎捕其他小型动物。

| | |
|---|---|
| **杀手指数:** | 2/5 |
| **速度指数:** | 2/5 |
| **防御能力:** | 4/5 |

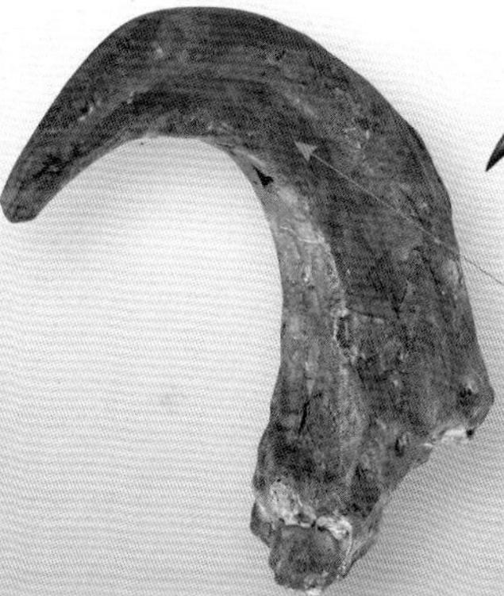

### 捕猎

它那弯曲的爪子是非常可怕的武器，能够刺穿并切开猎物的身体。

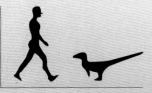

# 腕龙

**食草类恐龙**

**侏罗纪，1.5 亿年前**

发现于：北美洲

生活区域：森林

 **恐龙能力大比拼**

**腕龙**

腕龙把时间都花在了四处笨重地缓慢行走上。它并不是一种灵巧的动物，但是超级庞大的身躯让它能免于捕食者的伤害。

| | |
|---|---|
| 杀手指数： | 1/5 |
| 速度指数： | 1/5 |
| 防御能力： | 4/5 |

**真相**

腕龙会不断地进食。通常认为腕龙每天需要进食 200~400 公斤植物，相当于一天吃下400~800 个莴苣。

**小头骨**

腕龙的脑袋很小。

**大地震动制造者**

成年腕龙体重可达100 吨以上。

**觅食**

腕龙的长脖子可以水平伸向地面穿过灌木丛找寻食物，还可以够到树上的叶子。

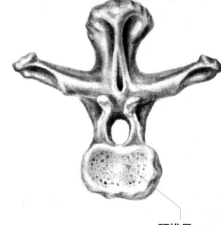

**颈椎骨**

这是腕龙长脖子上的一块骨头，称为颈椎骨。

**额外的高度**

和其他很多种恐龙不同，腕龙的前肢长于后肢，这样就能让它的脖子和头部抬得更高。

# 梁龙

**食草类恐龙**

**侏罗纪，1.54 亿~1.5 亿年前**

发现于：北美洲

生活区域：森林、平原和河流

**真相**

梁龙的尾巴是一件令人印象深刻的武器，能以超过声速的速度扫向敌人，就像抽打鞭子一样。

**长尾巴**

长尾巴有助于梁龙平衡身体。

**多刺的脊背**

梁龙的脊背上像鬣蜥一样长满了针刺。

**椎骨**

梁龙的脖子和尾巴有 100 块椎骨。

**双梁**

梁龙名字中的"梁"来源于它尾巴中的双 V 形骨骼结构，这样的结构能有效支撑起它的尾巴。

**身体结构**

梁龙的身体结构就像是一座悬架桥梁，它的四肢就像支撑起长桥的两对塔架。

**恐龙能力大比拼**

**梁龙**

梁龙脚趾上特别长的爪子使它能拨开植被来寻找食物，还能用爪子抵御捕食者的攻击。

杀手指数：　　　　　　　1/5

速度指数：　　　　　　　3/5

防御能力：　　　　　　　3/5

# 异特龙

**食肉类恐龙**

**侏罗纪，1.55 亿 ~1.5 亿年前**

发现于：**北美洲**

生活区域：**半干旱平原和森林**

 **恐龙能力大比拼**

**异特龙**

异特龙能用敏锐的嗅觉闻到猎物的气息，比如剑龙和梁龙。

| | |
|---|---|
| 杀手指数： | 4/5 |
| 速度指数： | 4/5 |
| 防御能力： | 4/5 |

**视觉**
向前的眼睛有助于异特龙盯紧猎物。

**保持平衡**
它那巨大而可怕的头骨由同样硕大的尾巴来平衡，所以它任何时候都不会向前摔倒。

**咬合力**
它能狠狠地咬住猎物，但相比较而言，它的咬合力并没有美洲短吻鳄的大。

**真相**
异特龙的牙齿朝向后方，长达 10 厘米，方便它持续将猎物填入口中。

**爪子**
剃刀般锋利的爪子。

**异特龙头骨**
这是异特龙的头骨。

**稍小一些的步伐**
异特龙的腿不像霸王龙那么长，因此它的速度赶不上霸王龙。

# 棘龙

**食肉类恐龙**

## 白垩纪，1.12 亿 ~9700 万年前

发现于：非洲北部

生活区域：森林

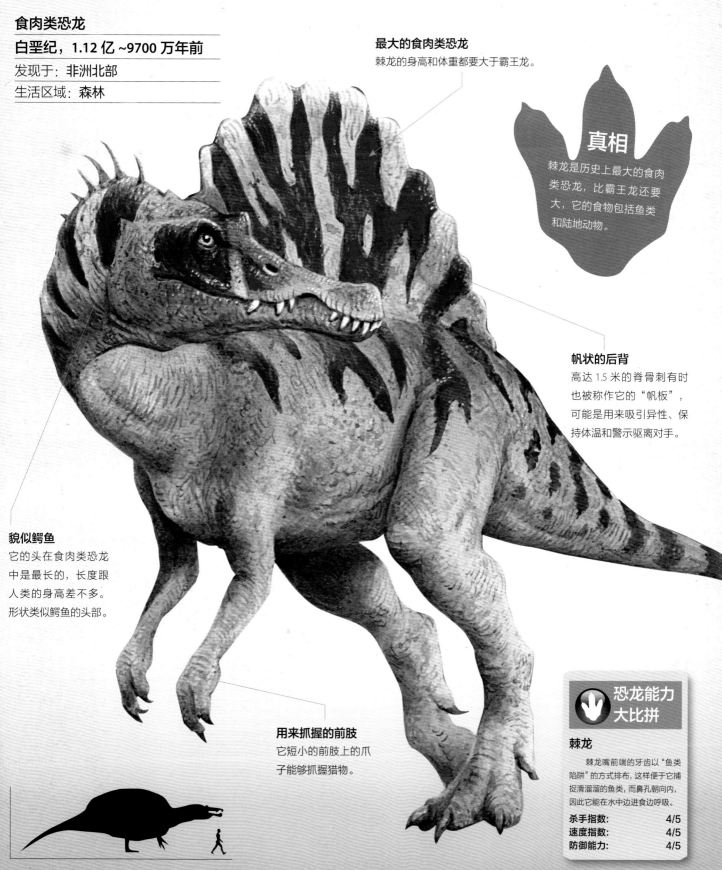

**最大的食肉类恐龙**
棘龙的身高和体重都要大于霸王龙。

**真相**
棘龙是历史上最大的食肉类恐龙，比霸王龙还要大，它的食物包括鱼类和陆地动物。

**帆状的后背**
高达 1.5 米的脊骨刺有时也被称作它的"帆板"，可能是用来吸引异性、保持体温和警示驱离对手。

**貌似鳄鱼**
它的头在食肉类恐龙中是最长的，长度跟人类的身高差不多。形状类似鳄鱼的头部。

**用来抓握的前肢**
它短小的前肢上的爪子能够抓握猎物。

**恐龙能力大比拼**

**棘龙**

棘龙嘴前端的牙齿以"鱼类陷阱"的方式排布，这样便于它捕捉滑溜溜的鱼类，而鼻孔朝向内，因此它能在水中边进食边呼吸。

| 杀手指数： | 4/5 |
|---|---|
| 速度指数： | 4/5 |
| 防御能力： | 4/5 |

# 阿根廷龙

**食草类恐龙**

**白垩纪，9500 万年前**

发现于：阿根廷

生活区域：森林

**卵生繁殖**
成年阿根廷龙每年都会产出数十枚恐龙蛋。

**装甲表皮**
我们能从化石中发现它的表皮是鳞甲状的。

**智力**
阿根廷龙的脑容量很小，表明它并不是很聪明的恐龙。

**缓慢的行动者**
阿根廷龙的行走速度慢得出奇，才 8 公里 / 小时，人类都能在走路比赛中战胜它。

**粪便**
阿根廷龙一次能排泄相当于 15 升的恐龙粪便，差不多能装满 5 个大桶。

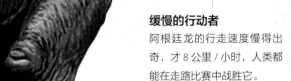

**真相**
阿根廷龙是最大的陆地恐龙之一。成年阿根廷龙的体重是它出生时的 25000 倍。

 **恐龙能力大比拼**

**阿根廷龙**

阿根廷龙能用后腿站立起来，用前肢落下的巨大力量击退来犯之敌。

| | |
|---|---|
| 杀手指数： | 2/5 |
| 速度指数： | 1/5 |
| 防御能力： | 3/5 |

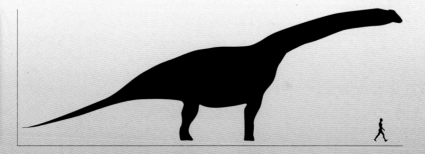

# 牛龙

**食肉类恐龙**

**白垩纪晚期，7000 万年前**

发现于：阿根廷

生活区域：湖泊环境

**狭窄的视野**
牛龙的眼睛很小，因此它的视野范围不是很好。再加上它又不能灵巧地转身，牛龙可能只会把障碍物撞开。

**真相**
牛龙跑得很快，比霸王龙还要快，但是不能灵巧地转身，因此它只能用直线的方式攻击猎物。

**搜寻气味**
它用嗅觉来捕猎。

**鳞片隐藏**
牛龙的鳞片细小，状如鹅卵石。

**恐龙能力大比拼**

**牛龙**

牛龙能用它前额上的角和肌肉发达的脖子猛撞猎物使其失去抵抗力。

| | |
|---|---|
| 杀手指数： | 5/5 |
| 速度指数： | 4/5 |
| 防御能力： | 4/5 |

**强壮的大腿**
牛龙的大腿肌肉十分发达，是人类大腿肌肉重量的 2 倍。牛龙全身重量和一辆小型轿车差不多。

**头骨**
一只牛龙的头骨化石。

033

**条纹尾巴**
它的尾部羽毛有橙色和白色相间的条纹。

# 中华龙鸟

**食肉类恐龙**

**白垩纪，1.35 亿 ~1.2 亿年前**

发现于：中国

生活区域：湖泊环境

**状如鸟类**
中华龙鸟是已知最早的一种与鸟类相似的恐龙。

**孵化后代**
中华龙鸟一次能产 2 枚蛋，它会坐到蛋上孵化直到小龙鸟破壳而出。

**伪装**
中华龙鸟的羽毛可能还有伪装的作用。

**保温**
中华龙鸟体外覆盖的羽毛给这种爬行动物起到了保温的作用，意味着它有可能已经是恒温动物。

### 恐龙能力大比拼

**中华龙鸟**

中华龙鸟有个很大的胃，它的食谱中有一些令人讨厌的小型哺乳动物。

| | |
|---|---|
| 杀手指数： | 3/5 |
| 速度指数： | 3/5 |
| 防御能力： | 2/5 |

**化石发现**
图中所示的化石让科学家们确信中华龙鸟是有羽毛的。

**真相**
中华龙鸟是最早被描绘出颜色的恐龙。它的羽毛是红褐色的，还伴有橙色和白色相间的条纹。

# 甲龙

**食草类恐龙**

**白垩纪，7000 万 ~6500 万年前**

发现于：南美洲

生活区域：沿海平原

**恐龙能力大比拼**

**甲龙**

甲龙的尾锤是一件凶狠的武器，可保护它免受攻击。

| | |
|---|---|
| **杀手指数:** | 3/5 |
| **速度指数:** | 3/5 |
| **防御能力:** | 5/5 |

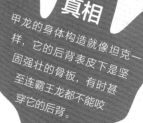

**真相**

甲龙的身体构造就像坦克一样，它的后背表皮下是坚固强壮的骨板，有时甚至连霸王龙都不能咬穿它的后背。

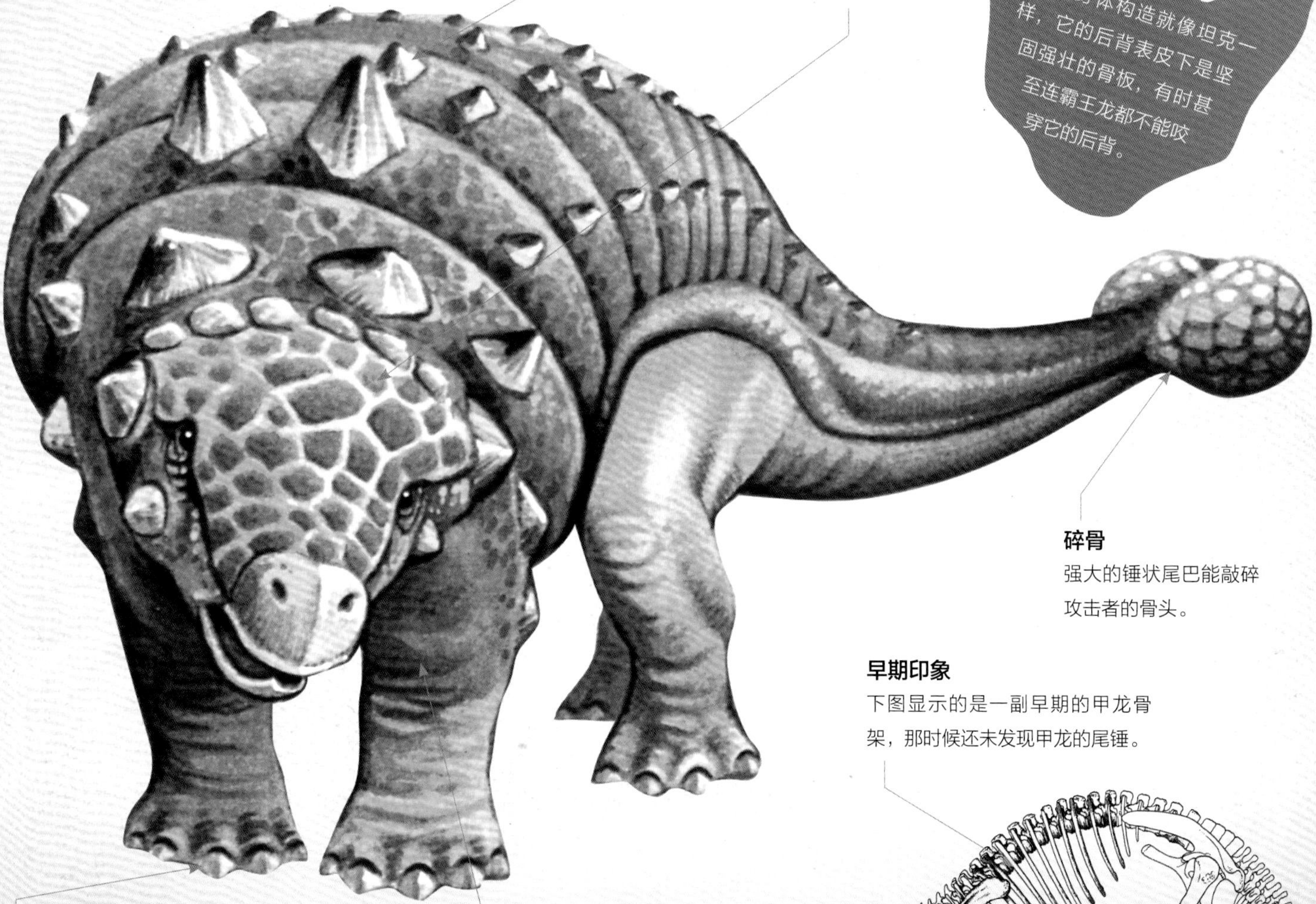

**尖刺防御**

甲龙的身上长有两排尖刺，加上它的头部后方长有两个大角，这些都是它用来保护自己的工具。

**较小的脑容量**

甲龙的脑容量比较小。

**碎骨**

强大的锤状尾巴能敲碎攻击者的骨头。

**早期印象**

下图显示的是一副早期的甲龙骨架，那时候还未发现甲龙的尾锤。

**5 个脚趾头**

甲龙可能每只脚上都有 5 个脚趾头。

**脆弱之处**

甲龙的肚子下方是它唯一没有披甲的地方，把它掀翻过来是唯一能杀掉它的方法。

**骨头脑袋**

甲龙的整个头部都被骨板覆盖着。

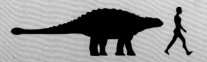

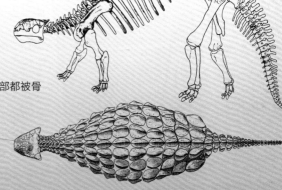

# 始祖鸟

### 食肉类恐龙

### 侏罗纪，1.5 亿年前

发现于：德国

生活区域：亚热带岛屿

**飞行还是滑翔**
现在还不清楚始祖鸟是挥动翅膀飞行还是仅仅只能滑翔。

**锋利的牙齿**
锋利的牙齿使始祖鸟成为高效的捕食者。

**深色羽毛**
羽毛的末端是黑色的。

**真相**
始祖鸟既是一种恐龙，也被认为是第一种鸟类。跟鸽子差不多大小，然而它却有更多的牙齿。

**杀手的爪子**
始祖鸟的每个翅膀下都有 3 个爪子，加上它脚上捕猎用的爪子，始祖鸟可以捕食昆虫和小型爬行动物。

 **恐龙能力大比拼**

**始祖鸟**

始祖鸟的翅膀构造决定了它只能滑翔一段很短的距离，它生命的大部分时间都待在树上。

| | |
|---|---|
| 杀手指数： | 2/5 |
| 速度指数： | 2/5 |
| 防御能力： | 5/5 |

# 美颌龙

**食肉类恐龙**

**侏罗纪晚期，1.55 亿 ~1.45 亿年前**

发现于：德国和法国

生活区域：潟湖

**犀利的视力**
大眼睛加上双目并用有助于
美颌龙的捕猎。

**平衡**
为了跑得更快，美颌龙的
长尾巴能帮它保持平衡。

## 真相

对于食物，美颌龙可没工
夫细嚼慢咽——在美颌
龙的化石胃部曾发现过
一整只巴伐利亚蜥。

**短小的前肢**
美颌龙的前肢短小，每个前
肢分成两个钩状爪子。

**尖锐的牙齿**
它有一个尖尖的小脑
袋和锋利的牙齿。

**致命**
锋利的爪子使美颌龙成
为一种致命的恐龙。

**完整的骨架**
美颌龙骨架如图所示。

**恐龙能力大比拼**

**美颌龙**

美颌龙虽然身形细小，但它的速度飞快，
能以60公里/小时的速度奔跑，这差不多是非洲
猎豹速度的一半，足以让它逃脱捕食者的猎捕
和抓住它自己的猎物。

| 杀手指数： | 2/5 |
| --- | --- |
| 速度指数： | 4/5 |
| 防御能力： | 1/5 |

# 埃雷拉龙

**食肉类恐龙**

**三叠纪晚期，2.31 亿年前**

发现于：阿根廷

生活区域：活火山附近的河流冲积平原

 **恐龙能力大比拼**

**埃雷拉龙**

埃雷拉龙是最早期的恐龙之一，它的每个爪子都有一个类似拇指的爪子与其他爪子半相对，使得它能更稳固地抓取猎物。

| | |
|---|---|
| 杀手指数： | 4/5 |
| 速度指数： | 4/5 |
| 防御能力： | 2/5 |

**致命的撕咬**

内向弯曲的牙齿便于它咬住猎物。

**咬合的下颌**

它的下颌是有关节的，能前后撕扯它的猎物。

**真相**

对比霸王龙，埃雷拉龙体型较小。在它生活的时代所有的恐龙都是相对较小的，这意味着它在当时是顶级的捕食者。

**更长的前臂**

比霸王龙或异特龙更长的前肢。

**拉锯式撕咬**

它的下颌能前后拉锯式撕咬猎物。

**大脚**

埃雷拉龙有一双大脚，通过它强壮的腿和大腿肌肉，我们能知道它的奔跑速度相当快，可达40公里/小时以上。

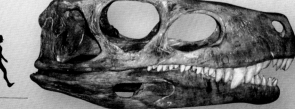

## 恐龙能力大比拼

**肿头龙**

肿头龙会用它头部的隆起从侧面去重撞试图攻击它的动物。

| | |
|---|---|
| 杀手指数: | 1/5 |
| 速度指数: | 2/5 |
| 防御能力: | 3/5 |

# 肿头龙

**食草类恐龙**

**白垩纪晚期,6500 万 ~7500 万年前**

发现于: 北美洲、怀特岛、蒙古、马达加斯加

生活区域: 沿海地区

**披甲的头骨**
骨质的大圆顶保护着它的脑部。

**真相**
向皇权跪拜!
肿头龙的头上像戴着一个多刺的皇冠,它的头被一个骨质的大圆顶保护着。

**大眼睛**
跟其他很多恐龙相比,它的眼睛是很大的。

**群居生活**
肿头龙发现大量聚集在一起会格外的安全,所以它们过着大规模的群居生活,用小而尖利的牙齿啃食植物。

**5 个爪子**
它的每个前肢有 5 个爪子。

**适应战斗**
一些科学家认为它用厚重的头骨作为武器,彼此之间争斗不已。

**逃离危险**
虽然肿头龙有强壮的腿,但它并不是出色的短跑能手。即使这样,当它面对攻击者时,最先想到的防御措施仍是逃跑。

# 恐爪龙

## 食肉类恐龙

### 白垩纪早期，1.1 亿年前

发现于：北美洲

生活区域：沼泽地带

**智力**

相比其他恐龙，恐爪龙
有个相当大的大脑，使
得它几乎是所有恐龙中
最聪明的一类。

**熟练的捕食者**

灵活的脖子使它能在任何
角度做出攻击。

**镰刀状利爪**

镰刀状的大爪子用来
撕劈猎物。

**与鸟类相似**

一些科学家认为它的腿
与鹰和猎鹰的腿非常相
似。

**组合捕猎**

恐爪龙体型相当小，
因此会组成团队捕猎
比它大得多的猎物。

**真相**

鸟类被认为是由恐龙进化
而来的，正是恐爪龙的
化石让科学家首次做
出这样的推断。

**长脚趾**

它拥有很长的脚趾，且
脚趾末端都有爪子。腕
骨如图中红色所示。

### 恐龙能力大比拼

**恐爪龙**

恐爪龙的名称来源于它每只脚的第二个趾
头上有巨大的弯钩状的爪子，它能用这样的爪子
劈砍猎物。

| | |
|---|---|
| 杀手指数： | 4/5 |
| 速度指数： | 3/5 |
| 防御能力： | 3/5 |

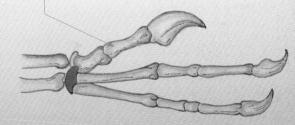

# 头骨龙

**食草类恐龙**

**白垩纪晚期，7000 万年前**

发现于：北美洲

生活区域：森林与河流

**真相**

恐龙的视力普遍不好，而头骨龙则属于其中视力最不好的那一类。它可能经常会撞到什么东西。

**自卫能力**

针刺和犄角给了头骨龙自卫能力，可以帮它御敌。

**装甲骨板**

头骨龙全身都被角质骨板所覆盖，为它提供了足够的保护，以免被霸王龙之类的食肉类恐龙撕咬。

**体重**

可达 2 吨，头骨龙的体重是雄性印度犀牛的 2 倍。

**骨锤**

虽然它只是以吃树叶为生，但它能利用尾锤给任何来犯之敌致命一击。

 **恐龙能力大比拼**

**头骨龙**

头骨龙可以进食多种植物，为助于消化，它的胸腔内都有一个巨大的胃，还有一个桶形的腹部。

| | |
|---|---|
| 杀手指数： | 1/5 |
| 速度指数： | 1/5 |
| 防御能力： | 4/5 |

# 禽龙

**食草类恐龙**

**白垩纪早期，1.3 亿年前**

发现于：欧洲、北美、非洲、亚洲

生活区域：森林、平原与河流

**禽龙**

禽龙的爪子也有拇指状针刺，能抓握食物，还能驱离靠得太近的来犯之敌。

| 杀手指数： | 1/5 |
|---|---|
| 速度指数： | 3/5 |
| 防御能力： | 2/5 |

**真相**

大多数恐龙会定居在某一区域，而禽龙把大部分时间花在了迁徙上，除南极洲外的所有大陆它都出现过。

**尾巴**

禽龙的尾巴又长又僵硬。

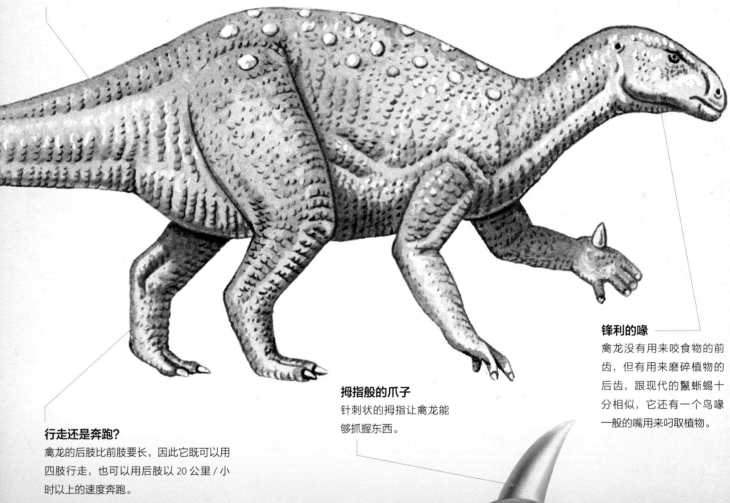

**锋利的喙**

禽龙没有用来咬食物的前齿，但有用来磨碎植物的后齿，跟现代的鬣蜥蜴十分相似，它还有一个鸟喙一般的嘴用来叼取植物。

**行走还是奔跑？**

禽龙的后肢比前肢要长，因此它既可以用四肢行走，也可以用后肢以 20 公里 / 小时以上的速度奔跑。

**拇指般的爪子**

针刺状的拇指让禽龙能够抓握东西。

# 地震龙

### 食草类恐龙

**侏罗纪晚期，1.56 亿 ~1.45 亿年前**

发现于：北美洲

生活区域：森林、平原与河流

**恐龙能力大比拼**

**地震龙**

在地震龙长长的脖子前端的小脑袋上长有一排钉状的牙齿，使得它能在短时间内把林地上所有植物的叶子、枝条一扫而空。

| 杀手指数： | 1/5 |
|---|---|
| 速度指数： | 1/5 |
| 防御能力： | 4/5 |

**真相**

地震龙其实是梁龙的巨形版。当它笨重地缓慢前行时，大地会随之震动。

**长长的脖子**

地震龙的脖子很长，便于它够到高处的食物。

**群居本性**

地震龙具有群体迁徙的生活习性。

**结实的腿**

地震龙体重巨大，所以它有非常强壮结实的腿来支撑身体。

**鞭子一样的尾巴**

它的长尾巴是一件用来对付任何潜在来犯之敌的致命武器。

# 无畏龙

食草类恐龙

白垩纪早期，1.15 亿 ~1.1 亿年前

发现于：非洲北部

生活区域：森林

**无畏龙**

无畏龙，别称豪勇龙、悍龙，与棘龙和剑龙相类似，无畏龙背脊上的帆状骨板有助于它控制体温。

| | |
|---|---|
| 杀手指数： | 1/5 |
| 速度指数： | 2/5 |
| 防御能力： | 2/5 |

**帆状背脊**

无畏龙后背上与众不同的脊骨除了能让它看起来非常酷，还有在冬天储存能量的作用。

**智力**

无畏龙的智力在恐龙中处于平均水平。

**食草动物**

无畏龙的嘴前端没有牙齿，在脸颊内有牙齿，使得它能咀嚼像树叶、水果和种子之类的食物。

**两条腿还是四条腿**

无畏龙可以用两条腿奔跑，也可以用四条腿行走。

**头骨**

它的头骨长度达67厘米，形状相当的扁平。

**真相**

无畏龙并没有什么自卫用途的身体构造，仅靠帆状背脊显得更加高大来吓退敌人。

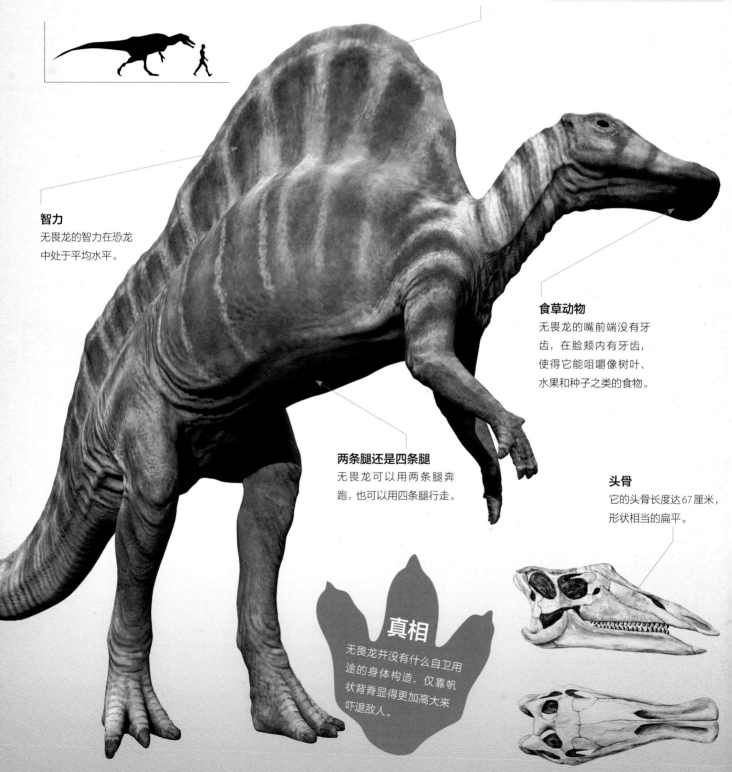

# 双脊龙

**食肉类恐龙**

**侏罗纪早期, 1.93 亿年前**

发现于: 美国亚利桑那州和中国

生活区域: 靠近河流的干燥地区

**与鳄鱼长相相似**
双脊龙的第一排牙齿后有一个奇特的隆起, 使得它看上去跟鳄鱼十分相似。

**小型捕食者**
双脊龙体型不大, 因此无法猎食大型动物, 只能捕食小一些的动物和鱼类。

**有毒液**
你可能已经看过电影《侏罗纪公园》中双脊龙的形象, 虽然科学家认为这部电影中有很大的错误, 但双脊龙确实会喷毒。

**真相**
双脊龙的头顶有 2 个艳丽的隆起头冠, 但脖子上可能并没有褶边, 这一点跟它在电影中的形象并不相同。

**头冠**
双脊龙的头骨最有趣的部分就是头冠, 用来吸引异性的注意。

**群体捕猎**
双脊龙很可能像狼群那样集体捕猎。

**恐龙能力大比拼**

**双脊龙**

在双脊龙存活的时代也就是侏罗纪早期, 它是最大的捕食者之一。化石足迹表明它们具有群体狩猎的习性。

| | |
|---|---|
| 杀手指数: | 3/5 |
| 速度指数: | 2/5 |
| 防御能力: | 3/5 |

045

# 恐龙蛋里有什么？

就像现在的小鸡一样，很久以前的恐龙也是在恐龙蛋中成长、孵化出来后才在这颗星球上漫步的。

到底是什么先出现的？恐龙还是恐龙蛋？我们并不完全确定，但我们知道的是，这些巨大的爬行动物和鸡一样是产卵的。在母鸡的蛋壳里，小鸡可以在孵化出来前成长。恐龙同样也是这样的。

我们发现了很多证据来证明小恐龙也是卵生的。在全世界 200 多个地点都发现了恐龙蛋化石。它们讲述了一个关于恐龙如何筑巢、产卵以及小恐龙如何出生的故事。

## 一群古生物学家的探索故事

1923 年，蒙古是第一个科学地确认恐龙蛋化石的国家。从那时起，世界各地都发现了许多不同种类的恐龙筑巢地。已知最古老的恐龙蛋和胚胎可追溯到侏罗纪早期（约1.9 亿年前），来自巨椎龙属，一种两足的杂食性原蜥蜴类爬行动物。

美国蒙大拿州的恐龙蛋山是最著名的恐龙巢穴发现地之一。在一个巢穴附近发现了慈母龙及其恐龙蛋的遗骸，因为幼崽太大而无法孵化出来，这就是为什么慈母龙被称为"体贴的母蜥蜴"的原因。慈母龙和许多其他种类的恐龙一样，在群居巢穴中养育它们的幼崽。这反映了它们在迁徙中的群居方式。这一惊人的发现是恐龙养育它们幼崽的第一个证据，而不是像现代乌龟那样让孵化出来的幼崽自食其力。巢中有 30~40 枚蛋，不是由坐在恐龙蛋上的父母孵化的，而是由放在巢穴中腐烂的植物产生的热量孵化出来的。孵化出来后经过一两年的快速生长，慈母龙幼崽会离开巢穴。

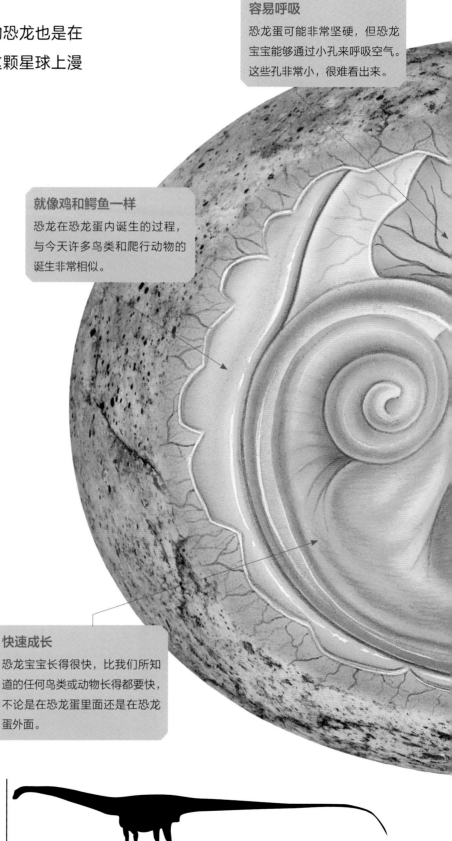

**容易呼吸**
恐龙蛋可能非常坚硬，但恐龙宝宝能够通过小孔来呼吸空气。这些孔非常小，很难看出来。

**就像鸡和鳄鱼一样**
恐龙在恐龙蛋内诞生的过程，与今天许多鸟类和爬行动物的诞生非常相似。

**快速成长**
恐龙宝宝长得很快，比我们所知道的任何鸟类或动物长得都要快，不论是在恐龙蛋里面还是在恐龙蛋外面。

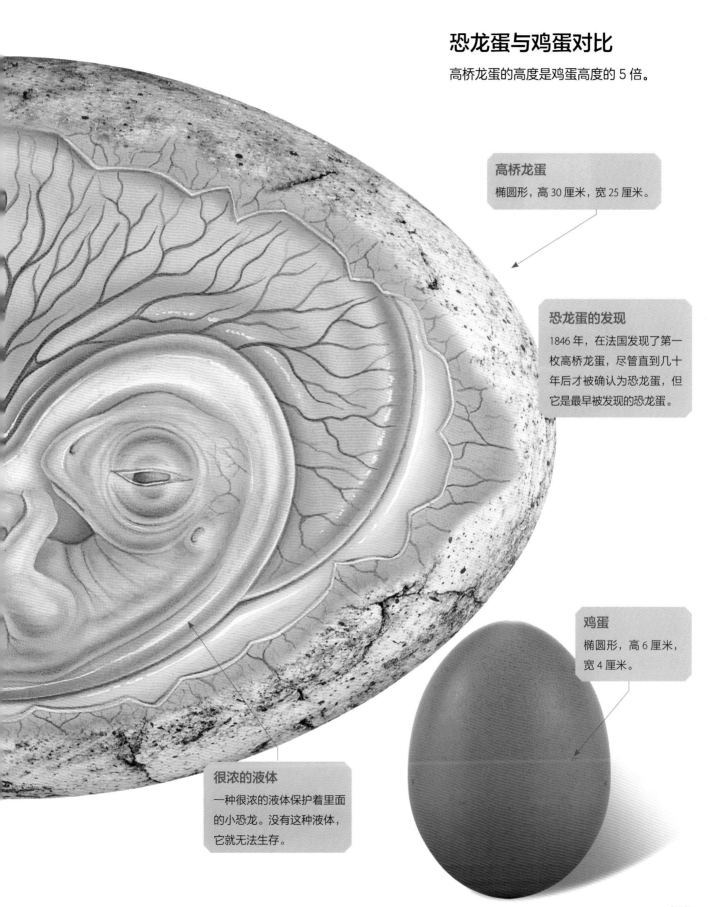

## 恐龙蛋与鸡蛋对比

高桥龙蛋的高度是鸡蛋高度的 5 倍。

**高桥龙蛋**

椭圆形，高 30 厘米，宽 25 厘米。

**恐龙蛋的发现**

1846 年，在法国发现了第一枚高桥龙蛋，尽管直到几十年后才被确认为恐龙蛋，但它是最早被发现的恐龙蛋。

**鸡蛋**

椭圆形，高 6 厘米，宽 4 厘米。

**很浓的液体**

一种很浓的液体保护着里面的小恐龙。没有这种液体，它就无法生存。

# 恐龙是如何保护自己的?

**恐龙进化出刺、犄角甚至厚甲皮肤来保护自己。它们要么被捕食者吃掉，要么有能力和它们进行搏斗。**

食草类恐龙进化出了内置武器来抵御食肉动物。这使它们在与捕食者的搏斗中有更多的机会幸存下来，同样也能更好地保护脆弱的幼崽免受捕食。有些恐龙有锋利的爪子，像禽龙一样，可以用作工具和武器。像三角龙这样的恐龙有犄角，它们的犄角和人的手臂一样长且朝前长，使三角龙可以迎头攻击敌人。这两种防御措施都可以用来刺伤有攻击性的捕食者。

还有一些恐龙用尾巴作为武器。甲龙的尾巴末端有一个沉重的骨锤，可以抡向攻击它的恐龙，而且骨锤的强壮程度足以砸碎敌人的头骨和打断敌人的骨头。有些恐龙全身覆盖着坚硬的鳞片，像一层厚厚的盔甲。剑龙的脊柱上有一排骨板，被认为是用来控制体温的，尽管它们也有可能被用来自卫。剑龙的尾巴上没有长骨板，但其尾巴末端的尖刺仍然能起到很好的保护作用。强大的肌肉可以控制这些刺扎向迎面而来的攻击者。事实上，人们发现了与剑龙尾刺尺寸完全吻合的带伤的异特龙遗骸。

大型食草动物还会用它们巨大的体型作为自卫手段，像梁龙这样体型巨大的恐龙，食肉动物无法轻易攻击它们。对于较小的恐龙来说，逃跑通常是最好的防御。它们进化出了更轻的骨骼，这样就能跑得更快。总而言之，它们需要迅速逃离遭遇现场以避免陷入与食肉动物的搏斗。

**颈盾犄角**
恐龙头骨顶部的大部分被称为颈盾。这只戟龙的颈盾上有很多犄角。

**尾刺**
尾刺可以用作武器，因为它们既坚硬又锋利。尾刺的存在也让这些恐龙很难成为其他恐龙的食物。

**鞭打**
像梁龙这样尾巴很长的恐龙，可以像用鞭子一样使用它们的尾巴。它们尾巴甩动的速度可能比声速还要快。

**尾锤**

尾锤可以像锤子一样抡动。恐龙可以用尾锤猛砸捕食者的腿，也可以打碎敌人的骨头。

# 装甲骨板

厚甲龙有一个为自卫而生的身体——包括从尾端的骨锤到覆盖其身体的厚厚的甲片。

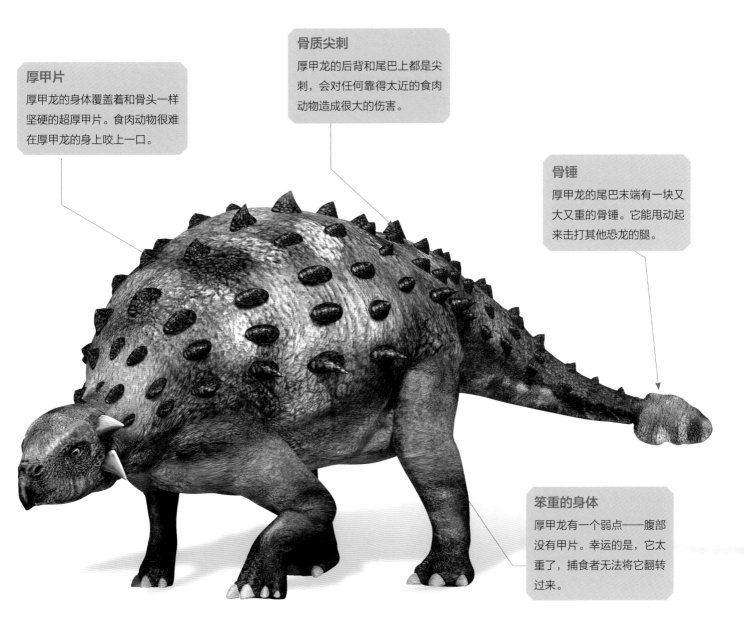

**骨质尖刺**

厚甲龙的后背和尾巴上都是尖刺,会对任何靠得太近的食肉动物造成很大的伤害。

**厚甲片**

厚甲龙的身体覆盖着和骨头一样坚硬的超厚甲片。食肉动物很难在厚甲龙的身上咬上一口。

**骨锤**

厚甲龙的尾巴末端有一块又大又重的骨锤。它能甩动起来击打其他恐龙的腿。

**笨重的身体**

厚甲龙有一个弱点——腹部没有甲片。幸运的是,它太重了,捕食者无法将它翻转过来。

---

**犄角**

有角恐龙会冲向捕食者,试图把它们吓跑。它们的犄角可能会刺穿捕食者的皮肤。

**头冠**

恐龙的头冠用于信息沟通。如果恐龙看到附近有捕食者,它们会互相发出警告。

**用头顶撞**

有些恐龙,如剑角龙,可以用头撞碎捕食者的头骨。因为它的头有好几层能减震的骨头,起保护作用。

# 梁龙

## 让我们来看看这种强大的恐龙曾经是如何生活的。

梁龙是最著名的恐龙之一。它属于被称为蜥脚类的种属，大约生活在侏罗纪晚期，特别是 1.54 亿 ~1.5 亿年前的金默里氏和提托尼安时代。它的身长可达 25 米，发现于现在的北美洲地区。梁龙有 4 种，其中最大的是地震龙，意思是"大地震动器"。

梁龙是梁龙科家族的一部分，具有 15 个颈椎骨的相同特征。与身体其他部位相比，其前肢短，尾部呈鞭状。它巨大的脖子占身体的很大一部分，但关于它的脖子是垂直还是水平仍然存在争议。它的矩形头骨上有巨大的眼窝和鼻腔。对其牙齿的研究表明，梁龙进食的方式称得上是抽枝剥叶，它将树木的枝叶拽进下颌中，然后剧烈地上下拉动以撕碎枝叶。

梁龙曾是世界上最大的恐龙，后来被其他蜥脚类恐龙超越了，但它在至少几百万年的时间里一直是最高的恐龙。古生物学家已经发现和研究了大量的梁龙骨骼化石，为这些巨型恐龙如何能够维持自己的生活提供了一些间接依据。

### 骨刺
像其他蜥脚类动物一样，沿着梁龙的背部是它椎骨上的三角形骨刺。

### 椎骨
梁龙的尾部上有多达 80 块尾椎骨。

### 尾巴
梁龙很有可能会用超过声速的速度甩动它的鞭状尾巴，把它作为攻击或自卫的主要方式。

据说梁龙的脚是肉质的，并有厚厚的垫，很像大象的脚。

**你知道吗?** “梁龙”这个名字来源于“双梁”，指的是梁龙尾部椎骨的V形骨骼结构。

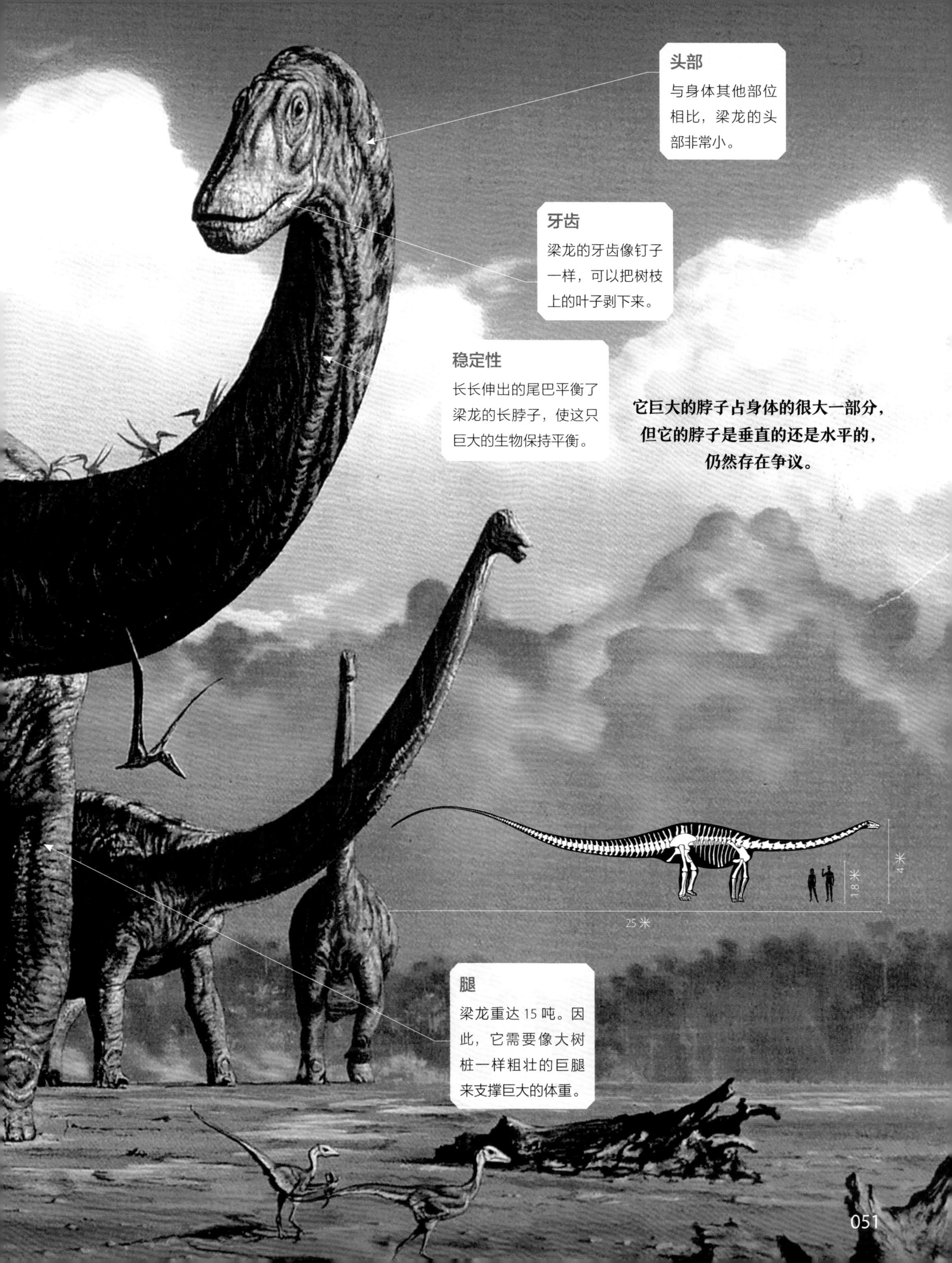
头部
与身体其他部位相比，梁龙的头部非常小。
牙齿
梁龙的牙齿像钉子一样，可以把树枝上的叶子剥下来。
稳定性
长长伸出的尾巴平衡了梁龙的长脖子，使这只巨大的生物保持平衡。
它巨大的脖子占身体的很大一部分，但它的脖子是垂直的还是水平的，仍然存在争议。
4米
1.8米
25米
腿
梁龙重达15吨。因此，它需要像大树桩一样粗壮的巨腿来支撑巨大的体重。

恐怖三角龙是距今 6500 万年前恐龙灭绝前最后一种有犄角的动物。

**颈盾**

三角龙巨大而坚固的骨质颈盾被认为是辅助求爱的工具，而不是防御盾结构进化而来的。

**尾巴**

三角龙的长尾巴帮助它平衡头部较重的重量。

# 三角龙

三角龙是最著名的恐龙之一，是一种食草类巨兽，装备精良，非常善于战斗。

三角龙是食草类恐龙的一个属，由两个经过验证的群体——恐怖三角龙和 T. Prorsus 组成，这两个群体在白垩纪晚期（6800 万 ~6500 万年前）在地球上生存，然后在灭绝所有恐龙的白垩纪至第三纪大灭绝事件中被一扫而空。

三角龙是一种大型的类似犀牛的动物，重达数吨，一只完全成熟的成年三角龙重 7 吨左右。它的装甲很重，有着超过 70 厘米的强化犄角和结实的骨质颈盾，这种坚固的骨架，使得它的力量非常强大。这些特征加在一起，使三角龙成为潜在捕食者的可怕敌人，当它攻击敌人时，能刺穿对方的皮肉，甚至折断其骨头。

在解剖学方面（有关全面的详细资料，请参阅"三角龙解剖学"插图），三角龙属动物是令人难以置信的有趣，尤其是因为它们有不少部分的功能至今仍在古生物学领域争论不休。有个很好的例子，比如分析一个典型的三角龙头骨，除了要测量一个 2 米长的巨大头骨外，还有一个带有三个角、一个有凹槽且花哨的骨质颈盾。

正是这种犄角，让其得以命名，它和骨质颈盾一道被古生物学家认为是用来防御捕食者的，因为通过对出土标本的仔细检查，在其上发现了战斗造成的伤疤、切口、刺穿伤和骨裂痕。然而，现代学者也假设犄角和颈盾这两个头骨的特征，连同头骨本身又大又长的自然属性，最有可能演变为三角龙求偶的手段，潜在的配偶会根据头的大小和形状来做出选择。也有人认为，颈盾可能有助于三角龙以类似于装甲剑龙的方式调节体温。

其他的解剖学知识点则是这只恐龙的大鸟状喙和臀部。事实上，正是由于这些特殊的特征，使这个属在恐龙的定义中被用作参考点——即恐龙是三角龙与现代鸟类的最近共同祖先，以及其最近共同祖先的所有后代。值得注意的是，现代鸟类并不是直接从三角龙进化而来，而是从它与其他所有恐龙的共同祖先进化

## 三角龙解剖学

我们看一下这个强大的食草动物的骨骼,了解一下它的基本解剖结构。

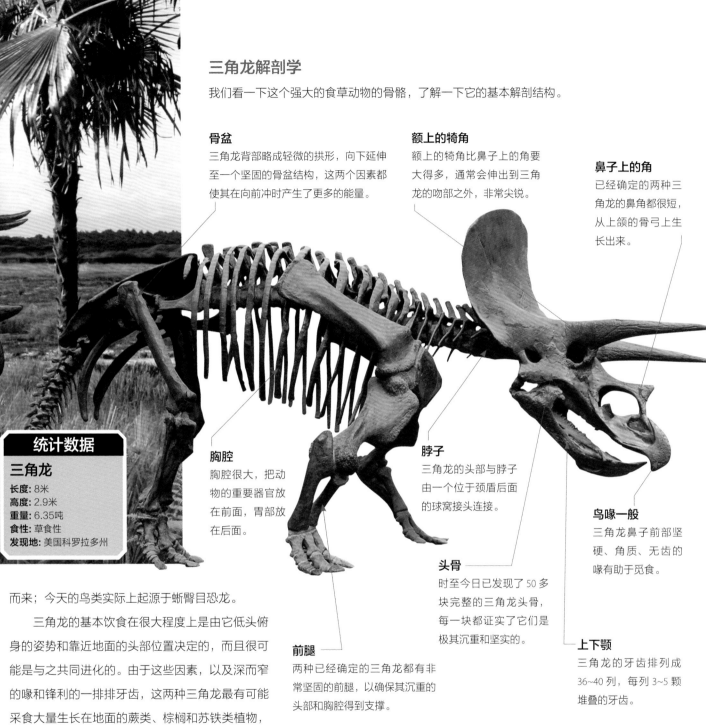

### 骨盆
三角龙背部略成轻微的拱形,向下延伸至一个坚固的骨盆结构,这两个因素都使其在向前冲时产生了更多的能量。

### 额上的犄角
额上的犄角比鼻子上的角要大得多,通常会伸出到三角龙的吻部之外,非常尖锐。

### 鼻子上的角
已经确定的两种三角龙的鼻角都很短,从上颌的骨弓上生长出来。

### 胸腔
胸腔很大,把动物的重要器官放在前面,胃部放在后面。

### 脖子
三角龙的头部与脖子由一个位于颈盾后面的球窝接头连接。

### 鸟喙一般
三角龙鼻子前部坚硬、角质、无齿的喙有助于觅食。

### 头骨
时至今日已发现了 50 多块完整的三角龙头骨,每一块都证实了它们是极其沉重和坚实的。

### 前腿
两种已经确定的三角龙都有非常坚固的前腿,以确保其沉重的头部和胸腔得到支撑。

### 上下颚
三角龙的牙齿排列成 36~40 列,每列 3~5 颗堆叠的牙齿。

**统计数据**

**三角龙**

**长度:** 8米
**高度:** 2.9米
**重量:** 6.35吨
**食性:** 草食性
**发现地:** 美国科罗拉多州

而来;今天的鸟类实际上起源于蜥臀目恐龙。

三角龙的基本饮食在很大程度上是由它低头俯身的姿势和靠近地面的头部位置决定的,而且很可能是与之共同进化的。由于这些因素,以及深而窄的喙和锋利的一排排牙齿,这两种三角龙最有可能采食大量生长在地面的蕨类、棕榈和苏铁类植物,它用喙来采摘,然后用牙齿切碎植物的纤维。三角龙的主要潜在捕食者是食肉兽脚类恐龙,如霸王龙。尽管对这两种史前巨兽的当代描绘往往比较穿凿附会,但在三角龙的标本中却真的发现带有霸王龙的咬痕,甚至其中一只三角龙的额角被完全折断。

8~9米

1.8米

伶盗龙的捕猎技术主要围绕
其速度和敏捷性展开。

伶盗龙很精明，它们凭借羽
毛的伪装去攻击比自己小的
猎物。

# 伶盗龙

作为最致命的恐龙之一，伶盗龙是一种熟练的食肉动物和食腐动物，
但并不是好莱坞电影想让我们相信的那种生物……

自从 1993 年的电影《侏罗纪公园》把它描绘成最可怕的食肉动物以来，伶盗龙的形象就已经深植于大众心目中。聪明、致命、嗜血，电影中的伶盗龙可以说完全抢走了这部电影的风头。然而，这部电影也只能以很深的艺术感染力而著称，因为这部电影缺乏历史准确性，古生物学家不得不为之感到遗憾。

那么伶盗龙到底是什么样的？

伶盗龙是一种生活在白垩纪晚期（7500 万 ~7100 万年前）的兽脚类恐龙，有两个已被证实的物种——蒙古伶盗龙和奥氏伶盗龙。它们有 2 米长，高度略低于 1 米，身上披有羽毛，双脚站立行走，用三个脚趾中的两个脚趾跑步。伶盗龙原产于现代的中亚（尤其是蒙古），在那里它们建造了大型的地面巢穴，以保护易受到伤害的幼龙。

伶盗龙虽然通常都生活在彼此相距不远的地方，但大部分都是独居的，即使某些发现表明它们可以成群结队地追逐猎物，但它们也不是合作型的猎手，有证据表明它们会在觅食时相互争斗。此外，它们的主食包括大小和重量与自己相当或比自己

小的动物，几乎没有证据表明它们会试图干掉更大的恐龙，如霸王龙。

伶盗龙的捕猎技术主要依靠其速度和敏捷性。它们可以加速到每小时 64 公里，进行远距离突袭，并用独特的镰刀状爪子（特别是那高高扬起的"猎杀爪"）牢牢地抓住猎物。这些显著的特点与伏击猎物的现象结合起来，说明它们并不是正面攻击或是远距离追击猎物（参见"猛砍还是制服？"获得更多信息）。但有趣的是，尽管伶盗龙毫无疑问主要捕食活的猎物，但出土的化石印记表明它们也是非常活跃的食腐动物，这种动物会以腐肉和其他食肉动物留下的尸体为食（例如，在伶盗龙的内脏中发现了翼龙的骨头）。

在大约 6500 万年前发生的白垩纪至第三纪大灭绝事件之前，伶盗龙和其他驰龙科类物种一起灭绝，但它们的解剖结构和外观元素在今天仍然可以在许多鸟类中看到——尽管是以高度进化后的形式。

## 猛砍还是制服？

伶盗龙有镰刀状的爪子，是为了把猎物开膛破肚，还是另有别的用途？

大多数非鸟类兽脚亚目恐龙的特征是锋利的锯齿状牙齿和像鹰爪一样弯曲的爪子，伶盗龙也不例外。它们的手和脚上都有大量的爪子，乍一看，似乎是完美的杀人机器，能够在快速追捕猎物时用这些像刀一样的爪牙撕碎猎物。好吧，这曾经至少是古生物学家普遍接受的理论。直到 2011 年年底，在一个由国际恐龙专家组成的小组提出一项新的研究之后情况有所改变，专家们认为它们对爪子的用法跟以前的理解完全不同。

研究表明，它们的爪子——特别是伶盗龙那个所谓的"猎杀爪"——远不止用来在杀掉并食用猎物之前将其撕碎和切割，它们使用爪子的方式更像现代的猎鹰和老鹰。重点在于鸟类使用它们的爪子作为抓握工具，捕捉体型较小的猎物，用自身的体重将猎物压住，然后用喙来进食活着的猎物。

这一理论似乎从伶盗龙的脚那里得到了支持，它们脚的形态与抓握功能一致，支持了上述那个按住猎物的假设，而不是从前那个用来撕扯猎物的想象。

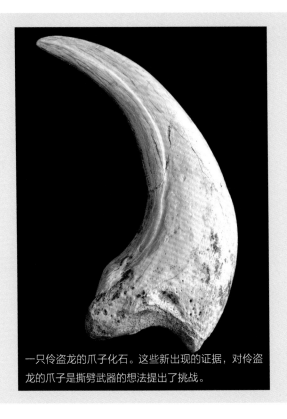

一只伶盗龙的爪子化石。这些新出现的证据，对伶盗龙的爪子是撕劈武器的想法提出了挑战。

**腿**
伶盗龙是两脚恐龙，只能用左右脚的爪子奔跑。它们的腿很细，但肌肉很有弹性，速度可达 64 公里/小时。

**尾巴**
椎骨下的长骨突出，与骨化（半骨）肌腱结合，赋予了伶盗龙一个僵硬的尾巴结构。这有助于它们保持平衡和快速转弯。这才是一个精确的伶盗龙形象，它们身上覆盖着羽毛，攻击比自己小的猎物。

## 伶盗龙的解剖结构
是什么样的生理特征使这种恐龙成为天生的杀手？

**爪子**
每只脚的第二个脚趾上都有一个8.9 厘米的镰刀形爪。这些爪子及其他爪子，用来抓住猎物，或在奔跑时在地上获得更好的抓地力。

**脊椎**
伶盗龙的脊椎呈 S 形，非常灵活，可以灵活地移动位置和转向。它们还可以跳到很高的高度，这样就可以从远处突袭目标。

**牙齿**
伶盗龙的颌部两侧排列着 28 颗间距很宽的牙齿，每颗牙齿的后缘都有很坚固的锯齿，远远超过前缘。这一特性帮助它们在捕获猎物时将其紧紧咬住。

剑龙背部的骨板可能是用来示威，而不是用来防御的。

**统计数据**

**剑龙**
长度：8~9米
高度：2.8~4米
重量：3.1吨
食性：草食性
发现地：美国科罗拉多州

9米

4米

1.8米

# 剑龙

剑龙是最著名的恐龙之一，拥有一系列菱形的骨板和一条能击杀其他动物的尾巴。

**头骨** ──────────
尽管剑龙的体型很大，但头很窄小，因此大脑容量也很小。剑龙背部的骨板可能是用来示威，而不是用来防御的。

剑龙可能是有史以来发现过的最具标志性的恐龙属，是食草动物中的巨人，能够消耗大量的低层植被的叶子，同时用巨大的盔甲结构和可能致命的刺状尾巴保护自己免受捕食者的伤害。

第一个出土的剑龙案例是在 1877 年，它的名字剑龙科也正是来自于那时。从那时起，已经正式确认了 4 种剑龙科恐龙的分类。每种剑龙都有相似的结构和特征，也都是背后披有一系列菱形骨板的大型四足动物。这些大型动物身长超过 8 米，体重超过 3 吨。

有趣的是，古生物学家和学者对剑龙的这些菱形骨板所知甚少，他们提出了有关这些骨板排列、结构和用途的各种假设。当剑龙化石第一次出土时，人们推测剑龙的这些骨板是作为防御食肉动物的装甲。然而，这些骨板在剑龙背部的位置和它们明显并不尖锐、锋利的属性导致这一理论在今天基本上已被推翻。相反，学术界认为这些骨板的功能主要是用来装饰美化——可能是用于交配求偶时的性征展示，或在领地争端中威慑其他的剑龙类竞争对手。

古生物学领域的研究几乎揭示了这个恐龙属的所有方面。可供研究的化石印记很明显地指出，由于剑龙的头骨很小很窄，所以大脑容量很小，也就不是很聪明——这似乎也能被它们原始和单调的进食习惯所证实。这种动物颈部较低，前肢短而粗大，骨盆抬高，后肢拉长，表明剑龙每天将大部分时间都花在消耗大量低洼地区的枝叶（如蕨类、苏铁类和针叶树）上。这是由它们牙齿的形状、牙齿形成的过程，以及比较小的咬合力来证明的。

当我们仔细观察剑龙的腿后就能发现，它们的运动速度明显不会很快。这是因为它们的前腿和后腿在尺寸上的差异是如此之大，如果以超过每小时 8 公里的速度奔跑，较长的后腿就会迈到前腿的前面，导致自己被绊倒。

尽管存在上述这些缺点，剑龙也并不是完全没有自卫能力，因为它们拥有一个灵活的、带刺的装甲尾巴。以狭脸剑龙为例，这种恐龙有 4 个真皮尾刺，每根尾刺长约 75 厘米，从尾部平滑延伸至水平面。这些刺能够在剑龙像用鞭子一样抽打它的尾巴时刺穿任何攻击者的皮肉。

## 剑龙解剖学

### 从内到外了解这种与众不同的恐龙的生物结构。

**前腿**
剑龙的前腿相对较短，但非常粗壮有力，使得剑龙可以用前腿在地面上站稳。

**骨板**
剑龙的骨板由骨头生成，覆盖着皮肤或坚硬的犄角。

**骨盆**
由于剑龙的巨大重量——超过 3 吨，需要有一个巨大的骨盆来支撑庞大的胸腔和脊柱。

**尾巴**
剑龙的主要武器是尾巴，尾巴上有锋利的骨质刺。

**脖子**
由于有食草动物的进食习惯，剑龙的颈部会保持向下倾斜，这样便很容易吃到低层植被的枝叶。

**后腿**
剑龙的后腿又粗又长，能将骨盆高高地支撑起来以远离地面。

# 腕龙

**腕龙足足有双层大巴车的 3 倍长、2 倍高，真的是一个神话般的陆地巨兽。**

腕龙是蜥脚类恐龙的一个属，生活在侏罗纪晚期（1.55 亿～1.4 亿年前）的地球上。它们的特点和许多当时的蜥脚类动物一样——脖子很长，头骨和大脑相对较小。目前只有 B 型胸廓一个物种被正式确认，但也有出现其他种类，还有待确认。

有趣的是，尽管它们的体重据估计可达 60 吨，身长可能超过 30 米，但实际上它们和其他蜥脚类动物一样是素食主义者，它们的食物只有植物的枝叶。

它们长脖子的进化（更多细节参见"高处的生活"）似乎与自身的进食方式有着紧密的联系，头部位置的升高使它们能够接触到矮小动物种类无法接触到的植物枝叶。

对食物源的控制也是腕龙身形普遍巨型化背后的一个主要因素，对作为食物的植物进行的数百万年的统治，使它们的体型远远超过同时代的竞争对手。

对于腕龙的天敌来说，神话般巨大的体型也是它们的主要自卫手段。腕龙一旦完全成熟后，它们的腿就会像树干一样粗壮，加上沉重而粗壮的尾巴，使得它们很难被捕食。

虽然它们的巨大尺寸和统治力带来了许多好处，但这也正是导致腕龙最终灭亡的原因之一，资源枯竭和气候变化的大背景导致它们在大约 1.45 亿年前灭绝。

## 腕龙的解剖学

让我们看看这个恐龙家族中的高个成员。

**躯干**
腕龙的躯干很庞大，占了该生物总体积的 70%。它们巨大的器官被结实的胸腔保护着。

**心脏**
由于体型的庞大，腕龙需要一颗巨大而强健的心脏来将血液输送到大脑和身体各处。据估测，腕龙的血压是人类的 3~4 倍。

**皮肤**
腕龙的四肢关节周围的皮肤坚韧粗糙，其颜色因年龄和种类而异。

**尾部**
又长又硬的尾巴，用来平衡蜥脚类动物的长脖子，特别是当腕龙将尾巴伸直朝向水平方向时。虽然腕龙面临的战斗并不多，但尾巴还是可以用作武器。

**肺**
海绵状的肺需要吸收大量氧气，一系列位于颈部和躯干骨骼的气囊与肺部系统相连，有助于降低腕龙的总密度。

**后腿**
较短的后腿有助于支撑巨大的躯干，并在快速前进时增加稳定性。

**前腿**
腕龙的前腿像柱子一样，比后腿长，所以站立时前腿向后倾斜。据对成年腕龙遗骸的实地测量可知，每条前腿的股骨长度为 1.8 米。

**头**

腕龙的头部相对整个身体的尺寸而言是很小的，有一个蜥脚类动物的大脑。在前额中间的头骨有一块与众不同的骨条，形成了一个大的凸起。

**脖子**

腕龙的脖子十分巨大，由 1 米长的椎骨相连组成。颈部由于重量原因，通常会呈 90 度左右保持竖直向上。

### 腕龙与人类尺寸对比

这种巨型恐龙跟咱们人类的平均大小比起来如何？

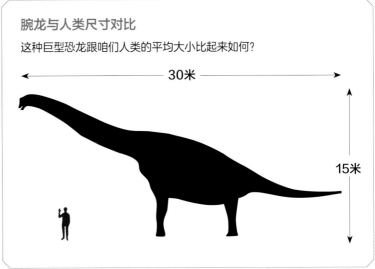

30米

15米

## 统计数据

### 腕龙

**长度：** 25~30米
**高度：** 15米
**重量：** 60吨
**食性：** 草食性
**发现地：** 美国科罗拉多州

### 高处的生活

　　腕龙脖子上的每一块椎骨大约有 1 米长，与当今最大的动物相比，这绝对是超级巨大的。这些椎骨组合起来便形成了一个巨大的蛇状颈部，使腕龙能轻易地够到高大树木和其他植物上的枝叶，它们需要大量的植物才能生存。重要的是，尽管长颈使腕龙相较其他较小的恐龙具有更强的吃草能力优势，但为了避免颈部承力受伤，大部分时间它们的长脖子需要保持近乎垂直的姿势。

　　现在的观点已与 20 世纪时有了很大的不同，那时人们普遍认为腕龙会通过抬头和低头来吃到不同层次的植物枝叶，现在的人们则普遍认为腕龙只会吃头部高度附近的植物枝叶，只有幼龙才会吃较低层的枝叶。

腕龙名字的希腊语意思是"臂蜥蜴"，因为对于恐龙来说，它们的前腿比后腿长，这是很不寻常的。

# 甲龙

**一种挥舞着骨锤的巨大怪兽，这种强壮的恐龙拥有打断敌人骨头的恐怖力量。**

　　甲龙是甲龙科最大的恐龙之一，它们身披硬甲，生活在 7500 万 ~6550 万年前的北美洲。甲龙以其凶猛的尾锤和巨大的骨甲板而闻名，是一种善于自卫的巨兽，能够抵抗比它们大很多倍的敌人的进攻。

　　甲龙对自卫能力的关注源于其草食性，因为它们的全身构造都是为了能更好地食用植物枝叶。甲龙的身体低伏，长着成排的叶子形状的割牙，前腿短，脚宽，胃部呈海绵状，是一部完美的食草机器，几乎不需要撕碎或咀嚼就能吞食整个植被。而研究表明，甲龙的头骨和颌部在结构上比许多类似的同时代恐龙都要坚硬。

　　事实上，有证据表明，甲龙和一般的甲龙科动物都是适者生存法则的产物。尽管它们有着令人印象深刻的盔甲、武器，能持续不断地进食植物，但是它们也无法在白垩纪—第三纪生物大灭绝事件中幸存下来，大约 6500 万年前，该事件灭绝了所有的陆生恐龙。迄今为止，只有少数的这种史前食草类恐龙的化石被挖掘出来，大部分来自美国蒙大拿州的地狱溪地层。

## 只是骨锤帮成员

　　众所周知，甲龙尾锤是所有恐龙中最致命的武器之一。这个骨锤是由几块称为皮内骨的大骨板构成的，而皮内骨又被融合到甲龙尾巴的最后几块椎骨中。在这些椎骨的后面，还有一些椎骨与粗而部分骨化的肌腱共生形成骨锤的基柄，当甲龙甩动尾巴时，便能够避免对尾骨的伤害。事实上，2009 年的一项研究表明，完全成熟的甲龙的尾锤可以轻易打碎或打折动物的骨头，甚至力量能大到把来犯之敌的头骨打破。目前还不清楚这种恐龙是否有能力用骨锤瞄准敌人造成对方的身体伤害。

除了作为武器，尾巴可能在求偶中也起到很重要的作用。

## 甲龙解剖学

了解这种像坦克一样的恐龙的关键生物学知识。

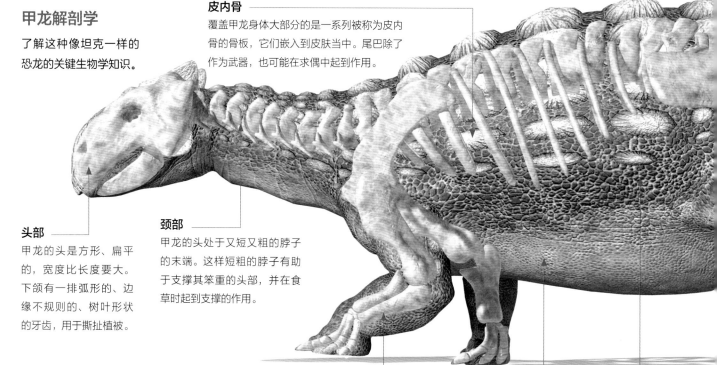

**皮内骨**
覆盖甲龙身体大部分的是一系列被称为皮内骨的骨板，它们嵌入到皮肤当中。尾巴除了作为武器，也可能在求偶中起到作用。

**头部**
甲龙的头是方形、扁平的，宽度比长度要大。下颌有一排弧形的、边缘不规则的、树叶形状的牙齿，用于撕扯植被。

**颈部**
甲龙的头处于又短又粗的脖子的末端。这样短粗的脖子有助于支撑其笨重的头部，并在食草时起到支撑的作用。

**前腿**
强壮而短粗的腿支撑着甲龙身体的前半部分。它们前腿的宽脚面为身体提供了良好的牵引力和稳定性。

**腹部**
甲龙唯一没有被披甲保护的就是腹部，其下腹部垂得很低，一直低到地上。捕食者会试图把甲龙翻过来以突破这个薄弱点。

**身体**
这只近 6 吨重的巨兽身体低伏，上面覆盖着装甲骨板和骨质针刺。

## 不能靠过去！

甲龙那令人印象深刻的几乎能防弹的盔甲并不是魔法，而是一系列相互连接的骨板，称为皮内骨。这些锁定在皮肤上的骨板被坚硬的角质层所覆盖，位于身体的大部分部位，但形状和大小都不均匀，有些像扁平的钻石——就像今天在鳄鱼和犰狳身上看到的那样，还有一些像圆形的植物根瘤。甲龙的头上长有这样的骨板，再加上其尾部的一排金字塔形状的尖角和尾锤两侧各有一排三角形的刺，这意味着若想攻击这种动物，即使你是像霸王龙这样的顶级捕食者，也不是一个好主意。

甲龙非常强壮，而且尾锤的攻击力很强，所以它敢与最可怕的恐龙对抗。

**甲龙最大的特点是其与生俱来的草食性。**

### 骨质针刺

在甲龙身体的关键区域还身披着骨质针刺，从而提供额外的保护。在骨锤边上长有这种骨质针刺的甲龙则具有更强的进攻能力。

### 尾锤

甲龙特有的尾骨由许多皮内骨构成，每一块皮内骨都与尾骨的最后几块椎骨融合在一起。

### 尾部

甲龙的尾巴尺寸中等，也长有骨板作为装甲，有助于平衡甲龙巨大的体重，并能为其尾锤提供最大伤害的力量。甲龙足够强壮，能够与最可怕的恐龙相抗衡，在恐龙世界中占上风。

### 后腿

甲龙的前腿和后腿同样强大，但后腿要比前腿更长，后腿到臀部可达 1.7 米左右的高度。

### 甲龙与人类对比

这种恐龙在大小上与人类对比是什么样的？

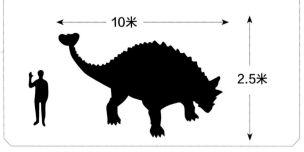

10米

2.5米

# 极地恐龙

## 有证据表明，一些恐龙能在寒冷黑暗的冬天存活下来。

长期以来，专家和大众都认为恐龙只在热带地区繁衍生息。但想象一下，如果最新的《侏罗纪公园》系列电影让我们的英雄们穿着厚厚的冬衣在恐龙世界到处跑来跑去，每个人都会大吃一惊。这似乎不太可能，但我们对恐龙的看法正在改变，因为最近的化石已经表明恐龙也会生活在寒冷的地方。

其中一个寒冷的栖息地是现在被称为澳大利亚的陆地。当然现在这个地区还远称不上寒冷，但在 1 亿~6500 万年前，它位于相当远的南部，紧靠南极洲大陆。

那么恐龙是如何在这种条件下生存的呢？先前的一个理论认为，当最冷的季节来临时，它们会迁移到气候更温暖的地区。但这个论调现在基本上已经被否定了，取而代之的是恐龙的"越冬"理论，即恐龙要么具有忍受寒冷的能力，要么为过冬而蛰伏，该理论现如今正受到青睐。

特别是一些较小的恐龙，被认为可能会在冬眠时挖个洞——很像今天的北极熊。但我们知道，并非所有史前动物都是如此。对极地恐龙骨骼的分析表明，它们全年都在生长，说明这些动物并没有花几个月的时间来睡觉。

幸运的是，对这些动物来说，当时的北极并不像今天那么冷，但它们确实经历了漫长而黑暗的冬天，这使得植物很难生长，但是一些耐寒的植物可以为食草动物提供营养。对食肉动物来说这却是个好消息，因为这样它们就有更多的猎物可供捕食。

## 鸭嘴巨兽

2015 年在阿拉斯加偏远地区出土的 9 米长的食草动物化石是迄今为止发现的最远的北极恐龙标本。古生物学家在研究了一组化石遗迹后证实了这一新发现的物种，它与在更南部发现的同类有着明显的差异。

现在我们已经相信北极鸭嘴龙用它四条腿中的两条腿站立而起，够到高处而获取食物。有趣的鸭嘴状面部结构和数百颗牙齿帮助这只巨兽对付粗糙的草料。

除了能吃大量的植物外，北极鸭嘴龙还能够忍受数月的黑暗和冬季气温的下降，甚至可能是下雪。这些令人兴奋的发现有助于描绘极地恐龙的生活场景，巩固对它们是坚韧和适应性强的动物的认知。

食草动物北极鸭嘴龙可能是极地地区的永久居民。

## 适者生存

多种恐龙足够坚强，能在寒冷的环境中生存下来。

**创造速度**
兽脚亚目动物具有高效的呼吸系统，如伶盗龙和其他两脚食肉动物，帮助它们成为快速而致命的捕食者。

**空气囊**
恐龙脊柱上附着不少的气囊，通过肋骨的运动进行扩张和收缩，这对恐龙的身体活动是十分必要的。

**后代**
鸟类和兽脚类恐龙有相同的"充气杠杆骨"，因此人们认为鸟类继承了这种高效的呼吸系统。

> 对这些动物来说，
> 幸运的是，
> 当时的北极不像今天那么冷。

**有限耐力**
大多数恐龙缺乏长途行走的能力，因此它们必须适应寒冷而不是迁徙。

**肺**
兽脚亚目动物除了有辅助气囊外还有一对肺，主要在休息时使用。

**中空的脊椎骨**
一些恐龙的气囊延伸到它们脖子的两侧。

**营养较为丰富**
银杏是生长在南极洲的一种耐寒植物，即使在寒冷的环境中也能生长，对极地恐龙来说营养也很丰富。

**有限的阳光**
一些极地恐龙的视神经叶变大，这使它们的视力适应了漫长冬季的黑暗。

**温血的？**
如果一些恐龙能够在体内控制体温，而不是依靠环境来取暖，那么它们就能更好地忍受寒冷。

**一个更加温暖的地球**

　　尽管极地恐龙具备抵御寒冷的能力，但目前还不清楚它们是否能够在今天极其严酷的极地地区生存。现代气候的温度更低，只有更加顽强的生命才能生存，这与中生代生长繁茂的植被形成了鲜明对比。

　　中生代时期由于大气中二氧化碳的含量更高，恐龙能够享受更高的温度。而这也使得地球更加温暖，融化了两极冰雪，让生命繁荣昌盛。

由于二氧化碳含量高而导致的地球升温，使植物和动物更易于在两极附近繁衍生息。

**草料**
中生代的两极比今天暖和，所以到夏天时那里的植被相当繁茂。

**绝热的**
厚厚的羽毛可以让恐龙保持温暖。

**穴居生活**
小一些的恐龙可能在整个最冷的时期都在冬眠或觅食。

063

## 杀手统计数据

**鲨齿龙**

它是已知最大和最重的食肉类恐龙，拥有一口硕大的剃须刀般的牙齿，使它在1亿~9300万年前的白垩纪中期的北非大地横行一时。

| | |
|---|---|
| 尺寸： | 8/10 |
| 适应能力： | 7/10 |
| 智力： | 3/10 |
| 杀手指数： | 8/10 |

高度：**4米**
长度：**13米**

# 鲨齿龙

鲨齿龙（拉丁语的意思是"鲨鱼齿蜥蜴"）的下颌长满了20厘米长的锯齿状牙齿，它们可以像切菜刀切黄油一样切下猎物的肉，留下巨大的伤口，很快就会使猎物丧失抵抗能力。

虽然它比霸王龙大，头骨的尺寸就跟一个人差不多大小，但它和它的近亲南方巨兽龙、马普龙一样都是更原始的恐龙，有很小的大脑。鲨齿龙拥有强大的腿和化石印记，表明它能够以大约每小时32公里的速度超越霸王龙。先不论它是不是真能跑这么快，如果真以这个速度奔跑，估计它比例不相称的小手臂很容易会让它摔倒。

# 玛君龙

玛君龙（拉丁语的意思是"马达加斯加的蜥蜴"）的名声可不怎么样。在马达加斯加岛上发现的玛君龙的骨头上有明显的牙齿痕迹，与它自己的牙齿形状完全吻合。没错，这个证据表明这种1吨重的兽脚亚目恐龙至少偶尔会以自己的同类为食。但这肯定是残忍杀手的标志吗？不，这可能是主动狩猎的战利品，也可能仅仅是对已死同类尸体的有效清理，这一切尚不清楚。

高度：**2米**
长度：**6米**